LEÇONS

ÉLÉMENTAIRES

DE

MATHÉMATIQUES.

LEÇONS
ÉLÉMENTAIRES
DE
MATHÉMATIQUES,

Contenant les principes de l'Arithmétique, de la Géométrie, de l'Astronomie, des Météores, de la Mécanique & de l'Algebre.

Par M. P. D. L. F. de l'Académie des Sciences, Arts & Belles-Lettres de Chaalons-sur-Marne, & de la Société des Antiquités de Caffel.

TOME PREMIER.

A PARIS,

Chez la Veuve Ballard & Fils, Imprimeurs du Roi, rue des Mathurins.

M. DCC. LXXXIV.
Avec Approbation & Privilege du Roi.

PRÉFACE.

LA trop grande étendue d'un cours de Mathématiques éloigne & dégoûte bien des Lecteurs ; on a voulu en extraire & en donner dans deux petits Volumes la partie la plus utile , & l'appliquer fpécialement à l'Aftronomie & à la Mécanique ; mais elle fera également applicable à tout traité de Mathématique mixte.

Un Cours de Géométrie, que l'on ne commence point par des démonftrations générales , paroîtra

une chofe finguliere : mais elle a
paru une chofe naturelle. L'efprit
humain ne commence jamais fes
recherches que par des cas particuliers, d'où il s'éleve aux idées générales; c'eft la marche que l'on a
choifie ; il faut diminuer les idées
abftraites, jufqu'à ce que la Géométrie les faffe naître. On n'a cependant
rien épargné dans le cours de cet
Ouvrage pour préfenter des idées
nettes, & l'on a fouvent retourné
la même vérité de plufieurs ma-
nieres.

Si l'on avoit mis toutes les propofitions de Géométrie , avec autant de prolixité, on auroit fait des

Volumes ; mais qui voudroit les lire ? Perſonne même n'en a beſoin. On n'a donc choiſi que les propoſitions utiles ; on a voulu qu'un homme de bon ſens pût les comprendre ſeul , les apprendre ſans maître , & en ſentir la ſimplicité & l'importance. Quand on aura compris cet abrégé , on ſera en état de lire & de comprendre les Ouvrages de ce genre les plus étendus ; ils ennuieront moins , & l'on en verra mieux l'utilité ; ainſi , nous avons cherché à rendre le plus clairement poſſible , ſur-tout pour les enfants , ce qui eſt contenu dans d'autres Ouvrages , où ces différentes

matieres font traitées d'une maniere
plus étendue & plus favante. C'eft
en applaniffant aux enfants les premieres difficultés qui fe trouvent
dans les Ouvrages trop favants qu'on
peut leur infpirer du goût pour
l'étude & du courage pour appro-
fondir tout dans un âge plus avancé. Il fe trouve auffi des maîtres
qui ne font pas familiers avec ces
fortes de Sciences, ou n'en fentent
pas bien les principes ; d'où il arrive qu'ils font quelquefois embar-
raffés par les queftions imprévues
d'un Éleve qui cherche à avoir
une définition claire & précife de
ce qu'on veut leur enfeigner ; on

efpere que ce Livre pourra fuf-
fire pour prévenir ces inconvé-
nients.

Nous avons cru devoir traiter
les différentes matieres par demandes & par réponfes, non-feulement
pour la facilité des enfants, mais
encore pour celle des premiers
Inftituteurs, qui, par ce moyen,
peuvent juger plus facilement de
l'attention de leurs Éleves, & s'af-
furer de la juftefle de leurs réponfes ; l'on peut donc avancer
que toutes perfonnes, même des
gouvernantes un peu intelligentes,
feront en état de faire apprendre

aux enfants ces premiers principes.
Pour plus grande facilité , on
a cru devoir adopter un plan nouveau dans les figures de géométrie ; en écrivant, foit à côté, foit
dans l'intérieur , ce qu'elles repréfentent ; par ce moyen l'enfant fuivant des yeux la figure relative à
la queftion qu'on lui fait , verra ,
par exemple , ce que c'eft qu'un
diametre , en trouvant écrit au-
deffus de la ligne qui partage le
cercle & la circonférence en deux
parties égales, *diametre*. Ainfi , il
ne confondra pas un *diametre* avec
un *rayon* ou *une corde*. Il en fera
de même pour les perfonnes

chargées de faire répéter ces premiers principes.

Nous avons donné en plus petits caracteres des détails plus étendus , afin que les enfants , quand ils le défireront , puiffent eux-mêmes acquérir des connoiffances plus détaillées ; ce qui leur eft même naturel , pour peu qu'ils aient d'aptitude & de curiofité. On pourra leur développer un peu plus la matiere par des détails circonftanciés. Ce plan a été adopté principalement pour l'Aftronomie & la Sphere.

Comme la partie de l'Algebre

eft plus abftraite , & exige un efprit plus formé par les calculs &
le raifonnement, on a cru ne devoir
mettre qu'à la fin du fecond Volume
le petit traité d'Algebre , mais fans
s'affujettir à la méthode des demandes
& des réponfes. L'étude de cette
partie ayant été préparée par celle
des autres parties élémentaires.

Dans la partie de la Sphere on
ne fait aucune difficulté d'emprunter les expreffions mêmes des Ouvrages les plus eftimés & les plus
clairs ; mais la Mécanique & l'Algebre ont été faites entiérement à
neuf , parce qu'on a cru pouvoir

leur donner plus de clarté & de briéveté tout ensemble.

Si les vues que l'on s'est proposées dans cet Ouvrage étoient toutes remplies, l'on pourroit se flatter qu'il seroit utile sur-tout aux jeunes Demoiselles ; car leur esprit, ordinairement fin & délié, est susceptible de toutes ces connoissances, qui ne peuvent que former leur jugement, & piquer leur curiosité. Ces connoissances, dis-je, leur deviendroient utiles à bien des égards, sur-tout pour écarter les préjugés puériles, & les terreurs, que les gouvernantes ne leur ins-

pirent que trop fouvent, & dont
l'impreffion refte quelquefois toute
la vie. Par - là elles fe raffureront
fur l'influence des différens phénomenes de la Natute, elles n'auront que des craintes raifonnables
du tonnerre & de tout autre mé-
téore ; elles ne verront dans l'apparition d'une comete aucun pré-
fage finiftre, mais un fpectacle di-
gne de leur admiration dans l'ordre de la Nature & de la Provi-
dence , & elles ne courront pas
rifque d'être malades , par la crainte
de la fin du monde, comme nous
en avons vu dans l'été de 1783.

Ces premieres connoiffances mettront les jeunes Demoiselles en état d'en donner un jour les premiers principes à leurs enfants, ou de diriger & d'apprécier les personnes qu'elles en chargeroient.

Enfin, ces élémens pourroient être d'une grande utilité dans les Pensions ou Colleges de Province; dans les Villes où il ne se trouve point de maîtres pour ces sortes de Sciences. Les Professeurs ou autres Instituteurs pourroient apprendre & démontrer à leurs Eleves ces premiers principes. On estime donc que ce petit Ouvrage pourroit être mis au nombre des

Livres Claſſiques deſtinés à la premiere éducation.

LEÇONS

L E Ç O N S

ÉLÉMENTAIRES

D E

MATHÉMATIQUES.

LIVRE PREMIER.

DES MATHÉMATIQUES EN GÉNÉRAL.

De l'Arithmétique & des Proportions.

Demande. QU'EST-CE qu'on entend par les Mathématiques ?

Réponse. C'est l'assemblage des Sciences, qui ont pour objet les grandeurs & les nombres pour en connoître l'égalité & l'inégalité, ou les rapports.

A

D. Qu'eſt-ce qu'on entend par grandeur ?

R. C'eſt ce qui eſt compoſé de parties ; & l'on peut appeller grandeur tout ce qui eſt ſuſceptible d'augmentation & de diminution.

Les lignes, les nombres, les temps, les mouvemens, les vîteſſes ſont des grandeurs, parce qu'elles ſont capables d'augmentation ou de diminution. Grandeur & quantité ſont, dans les Mathématiques, des mots qui ont la même ſignification.

D. Comment diviſe-t-on les Mathématiques ?

R. En deux claſſes ; ſavoir, les Mathématiques pures, & les Mathématiques mixtes.

D. Qu'eſt-ce qu'on entend par les Mathématiques pures ?

R. Ce ſont celles qui conſiderent les grandeurs en général d'une maniere abſtraite & indépendante des qualités ſenſibles que ces grandeurs peuvent avoir, telles que la peſanteur, la fluidité, la dureté, &c.

D. Qu'entend - on par les Mathématiques mixtes?

R. Les Mathématiques mixtes confiderent les différentes efpeces de grandeurs, & les corps en particuliers, avec les qualités fenfibles qui les accompagnent, comme l'eau, l'air, la lumiere, le mouvement.

Du nombre des Mathématiques mixtes font l'Aftronomie, l'Optique, la Méchanique, l'Hydraulique, la Géographie, la Chronologie, l'Hydrographie, la Navigation, l'Architecture militaire.

D. Comment divife-t-on les Mathématiques pures?

R. Elles fe divifent en Arithmétique, Géométrie & Algebre.

D. Qu'eft-ce que l'Arithmétique?

R. C'eft l'art de nombrer ou de compter par des chiffres. C'eft cette partie des Mathématiques qui confidere les propriétés des nombres & leurs ufages, & enfeigne les regles pour calculer exactement & facilement, par le moyen des chiffres;

c'eſt la clef de toutes les Mathématiques.

D. Qu'eſt-ce que la Géométrie?

R· C'eſt la ſcience qui traite de l'étendue des corps, de la maniere de les meſurer & de connoître leurs propriétés, ſuivant leurs trois dimenſions, longueur, largeur & profondeur.

D. Qu'eſt-ce que l'Algebre?

R. C'eſt le calcul, par le moyen des lettres ſubſtituées aux chiffres, pour une plus grande généralité & une plus grande facilité.

D. Qu'entend-on par un Théorème?

R. C'eſt une propoſition qui énonce & démontre une vérité.

D. Que faut-il conſidérer dans un Théorème?

R. Deux choſes principales; la propoſition, où l'on exprime la vérité à démontrer; la démonſtration, où l'on expoſe les raiſons qui établiſſent cette vérité.

D. Qu'eſt-ce qu'un Problème?

R. Problème ſignifie en Mathématiques une propoſition dans laquelle on demande

quelque opération ou conftruction, comme
en Arithmétique de multiplier un nombre
par un autre , en Géométrie de divifer
une ligne , de faire un angle , d'élever
une perpendiculaire ; & il faut démontrer
que la maniere qu'on propofe pour l'exé-
cution ou pour la folution eft infaillible.

Ainfi un Problème eft compofé de trois
parties ; 1°. la propofition , qui exprime
ce qu'on propofe de faire ; 2°. la réfolu-
tion ou folution, dans laquelle on donne
par ordre tous les moyens de réuffir à faire
la chofe propofée ; 3°. la démonftration,
dans laquelle on prouve que par les moyens
dont on s'eft fervi dans la folution on a
réellement trouvé ce qu'on cherchoit.

D. Qu'eft-ce qu'un Corollaire ?

R. C'eft une conféquence tirée d'une
propofition qui a déjà été avancée ou dé-
montrée.

D. Qu'eft-ce qu'un Lemme ?

R. C'eft une propofition préliminaire
que l'on ne prouve que pour démontrer
d'autres propo fitions fuivantes , & qu'on

place avant les Théorèmes pour rendre la démonstration moins embarrassée, ou avant les Problèmes, afin que la solution en devienne plus courte & plus aisée.

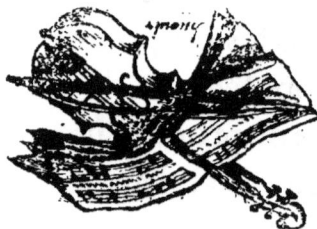

ABRÉGÉ

DES

PRINCIPES ÉLÉMENTAIRES

DE L'ARITHMÉTIQUE.

D. En quoi confiste l'art de compter ?

R. En trois points : le premier eft la connoiffance de la valeur des chiffres : le fecond eft la fcience des regles : le troifieme confifte à favoir appliquer les regles aux différentes queftions des nombres.

De la valeur des chiffres.

D. Qu'eft-ce que la valeur des chiffres?

R. C'eft le nombre que les chiffres repréfentent, foit féparément, foit conjointement. Il y en a neuf qui repré-

fentent féparément : en voici les figures
& les noms.

Un , deux , trois , quatre , cinq , fix , fept , huit , neuf , zéro.

1, 2, 3, 4, 5, 6, 7, 8, 9, 0.

D. Qu'eft-ce que repréfente *zéro* ?

R. Il ne fignifie rien lorfqu'il eft feul ;
mais s'il eft joint au premier chiffre, qui
eft *un*, il rend fa valeur dix fois auffi grande ;
ainfi un, fuivi de zéro, fait dix , $^{d\,x}_{1\,0}$: fi le
zéro eft joint à deux, il l'augmente éga-
lement dix fois, & fait deux fois dix,
qu'on nomme vingt, $^{vingt}_{20}$, ainfi des autres
chiffres, auxquels il peut être joint : par
conféquent lorfque zéro fe trouve après
le chiffre neuf, il fait neuf fois dix, c'eft-
à-dire, 90, quatre-vingt dix.

D. S'il fe trouve plufieurs zéros après
un chiffre, comment compte-on ?

R. Un feul zéro , après un chiffre,
marque les dizaines ; ainfi zéro après le
chiffre 6, marque fix dizaines, ou foixante,
60. Deux zéros après fix, comme 600,
marque les centaines, ce qui fait fix cents ;

trois zéros après fix, comme 6000, marquent des mille ou milliers, ainfi cela fait fix mille ; quatre zéros après fix, comme 60,000, marquent les dizaines de mille, ainfi cela fait foixante mille ; les cinq zéros après fix, comme 600,000, marquent les centaines de mille, ce qui fait fix cents mille, ainfi des autres chiffres, après lefquels les zéros peuvent fe trouver.

D. S'il n'y a point de zéro, & qu'un chiffre foit fuivi d'un autre chiffre, qu'arrive-t-il?

R. S'il n'y a que deux chiffres, par exemple, le chiffre un, fuivi du chiffre deux, 12, le premier, qui eft un, marque les dizaines, le fuivant les unités ; ainfi 12 marque une dizaine & deux unités, c'eft-à-dire douze.

D. Que faut-il obferver fur l'arrangement de plufieurs chiffres, comme de trois, de quatre, de cinq, &c. ?

R. C'eft que le dernier chiffre fignifie le nombre ou les unités, l'avant-dernier les dizaines, ainſi des autres, comme par l'exemple ſuivant.

2 Nombre.		
3 Dizaine.		Ainſi, 5, 689, 432
4 Centaine.		ſignifie cinq mil-
9 Mille.		lions, ſix cents qua-
8 Dizaine de mille.		tre-vingt-neuf mil-
6 Centaine de mille.		le, quatre cents
5 Million.		trente-deux.

Des Regles de l'Arithmétique.

D. Quelles ſont les regles de l'Arith-métique?

R. Il y en a quatre principales, qui ſont : l'Addition, la Souſtraction, la Mul-tiplication & la Diviſion.

D. Qu'eſt-ce que l'Addition ?

R. C'eſt une regle par laquelle on joint enſemble pluſieurs ſommes pour en for-mer une totale.

De l'Addition ſimple.

D. Comment faut-il diſpoſer les chif-fres pour faire une addition ?

R. Il faut poſer les nombres que l'on

veut additionner les uns au-deſſous des autres, de maniere que les unités ſoient ſous les unités, les dizaines ſous les dizaines, les centaines ſous les centaines, les mille ſous les mille, &c. puis on tire ſous ce nombre une ligne pour éviter la confuſion.

EXEMPLE.

On a payé ſucceſſivement différentes ſommes.

En Janvier	2,523 ♯
En Février	1,111
En Mars	500
En Mai	358
En Juin	200
TOTAL	4,692 ♯

Pour parvenir à trouver ce total de 4,692 livres, il faut commencer par les unités, & dire 8 & 1 font 9 & 3 font 12, & écrire 2 ſous la ligne, au rang des unités, & retenir 1, (c'eſt-à-dire une dizaine); venir enſuite à la colonne des

dizaines, qui eſt à gauche, & dire, 1 de
retenu & 5 font 6 & 1 font 7 & 2 font 9,
& écrire 9 ſous les dizaines, puis paſſer
à la troiſieme colonne des centaines,
qui font à la gauche des dizaines, &
dire, 2 & 3 font 5 & 5 font 10, 10 &
1 font 11 & 5 font 16, poſer 6 ſous la
colonne des centaines & retenir 1 mille,
pour dire enfin, un de retenu & 1 font 2
& 2 font 4, que l'on porte à la colonne
des mille, & le total de l'addition eſt
alors de quatre mille ſix cents quatre-vingt-
douze livres.

D. Si la ſomme d'un des rangs exprime
un nombre juſte de dizaines, que faut-il
faire?

R. Alors il faut poſer un zéro & retenir le nombre de dizaines pour l'ajouter
au rang ſuivant qui eſt vers la gauche;
par exemple:

$$533$$
$$325$$
$$242$$
$$\overline{}$$
$$1,100$$

Il faut dire, 2 & 5 font 7 & 3 font 10, poser (o) sous la colonne des unités, & retenir 1, on l'ajoute à 4, cela fait 5, qui, ajoutés à 2, font 7, & 3 font 10; on posera encore (o), & on retiendra 1, que l'on ajoutera pareillement aux chiffres du troisieme rang à gauche, qui font les centaines, en disant, 1 de retenu & 2 font 3 & 3 font 6 & 5 font 11, que l'on écrira de même, ce qui formera le total de 1,100.

De l'Addition composée.

D. Qu'est-ce que l'*Addition composée*?

R. L'Addition composée est celle qui est faite de nombres ou de sommes de diverses especes, par exemple de *livres*, de *sols*, de *deniers*; ou de *toises*, de *pieds*, de *pouces* & de *lignes*.

D. Comment divise-t-on la livre numéraire?

R. La *livre* se divise en 20 parties, qu'on appelle *sols*, & le sol en 12 parties, qu'on nomme *deniers*.

D. Comment divise-t-on la toise ?

R. La toise se divise en *6 pieds*, le pied en 12 *pouces*, & le pouce en 12 *lignes*.

D. Qu'entend-on par *Marc* ?

R. Le *Marc* est une demi-livre d'or ou d'argent ; il contient 8 *onces*, l'once 8 *gros*, le gros 3 *deniers*, le denier 24 *grains*.

D. Comment se fait l'addition composée?

R. Il faut commencer par la plus basse espece, c'est-à-dire, par les deniers, l'on retiendra le nombre de sols qui seront contenus dans les deniers, l'on ajoutera ces sols avec les sols, & si les sols valent des livres, on retiendra ces livres pour les ajouter au rang des livres.

EXEMPLE.

$$25^{\text{л}} \quad 13^{\text{ſ}} \quad 9^{\text{д}}$$
$$54 \quad 18 \quad 11$$
$$42 \quad 17 \quad 8$$
$$\overline{123^{\text{л}} \quad 10^{\text{ſ}} \quad 4^{\text{д}}}$$

Suivant ce qui vient d'être dit, il faut commencer par les deniers, & compter, 8 & 11 font 19 & 9 font 28 deniers, lesquels 28 deniers font 2 fols & 4 deniers de plus ; il faut pofer les quatre deniers fous la colonne des deniers, prendre les 2 fols formés par les deniers, les joindre à la colonne des fols, & dire, 2 & 7 font 9 & 8 font 17 & 3 font 20 ; pofer 0 à la colonne des unités de fols, & retenir deux dizaines, après quoi l'on dira, 2 & 1 font 3 & 1 font 4 & 1 font 5, ce qui fait 5 dizaines, & comme quatre dizaines ou 40 fols font 2 livres, il y a une dizaine de refte que l'on marque à la colonne des dizaines de fols. Delà joignant les deux livres formées des fols à la colonne des livres, on dit, 2 & 2 font 4 & 4 font 8 & 5 font 13, il faut pofer 3 & retenir une dizaine ; on dit enfin, 1 & 4 font 5 & 5 font 10 & 2 font 12, ce qui produit le total ci-avant de 123 livres 10 fols 4 deniers.

On fait de même l'addition des toifes,

des pieds, des pouces & des lignes, en commençant par la plus baſſe eſpece, c'eſt-à-dire, par les lignes.

De l'Addition du toiſé.

EXEMPLE.

Toiſes , pieds , pouces , lignes.
20, 5, 8, 6.
25, 4, 10, 7.
8, 3, 8, 10.

Toiſes , pieds , pouces, lignes.
55, 2, 3, 11.

De la preuve de l'Addition.

D. Quelle eſt la preuve de l'Addition?

R. C'eſt la Souſtraction ; cependant cette preuve n'eſt guere d'uſage à cauſe de la longueur des opérations qu'il faudroit faire ; on s'en tient communément à recommencer la regle , en comptant de haut en bas, ſi l'on a commencé de bas en haut ; & ſi les deux opérations
ſont

font conformes , c'eſt une preuve que l'Addition eſt bonne.

De la Souſtraction ſimple.

D. Qu'eſt-ce que la Souſtraction ?

R. C'eſt une Regle par laquelle on ôte un plus petit nombre d'un plus grand pour ſavoir ce qu'il en reſte : il y a deux ſortes de Souſtraction , l'une ſimple & l'autre compoſée. La ſimple eſt celle où il ne ſe trouve que des nombres de même eſpece ; la compoſée eſt celle où il y a des nombres de différente eſpece , comme des livres , des ſols, des deniers.

D. Comment ſe fait la Souſtraction ?

R. Il faut écrire le plus petit nombre ſous le plus grand, de maniere que les unités ſoient ſous les unités , les dizaines ſous les dizaines , les centaines ſous les centaines , &c. enſuite tirer une ligne ſous ces chiffres.

2°. Il faut ôter les unités des unités , les dizaines des dizaines , les centaines

B

des centaines, les mille des mille, &c.
& écrire les restes sous cette ligne, &
la Soustraction sera faite.

E X E M P L E.

8964   Grand nombre.
5521   Petit nombre à soustraire.
────────────
3443 ⁿ Restant, ou différence.

On dit, qui de 4 paie 1 reste 3, que
l'on marque au-dessous de 1 ; qui de 6
paie 2 reste 4, marqué sous le 2 ; qui
de 9 paie 5 reste 4, marqué sous le 5 ;
qui de 8 paie 5 reste 3, marqué sous le 5 ;
le restant ou la différence est donc de
3443.

D. Mais si quelques-uns des chiffres
que l'on doit soustraire sont plus grands
que ceux dont on soustrait, c'est-à-dire,
que les unités ne puissent être ôtées des
unités, ou les dizaines des dizaines, que
faut-il faire ?

R. Si le chiffe supérieur du plus grand
nombre est moindre que l'inférieur, il

faut alors emprunter du chiffre précédent
à gauche une unité qui vaudra une dizaine dans le rang pour lequel on emprunte.

EXEMPLE.

$$7462 \; {}^{\text{*}}$$
$$5357$$
$$\overline{2105 \; {}^{\text{*}}}$$

Il faut dire, qui de 2 ôte 7, cela ne
ſe peut ; il faut alors emprunter du chiffre
précédent 1, qui vaudra une dizaine dans
le rang pour lequel on emprunte, on
aura donc 12, dont ôtant 7, il reſtera
5 que l'on poſera ; le chiffre 6 ſur lequel on a emprunté 1 ne valant plus que 5,
on continuera, en diſant, de 5 ôtez 5,
reſte 0, qu'il faut écrire pour conſerver
le rang des autres chiffres, c'eſt-à-dire,
afin qu'ils ſoient à leur place, puis ache-
ver & dire, qui de 4 ôte 3 reſte 1 ; qui
de 7 ôte 5 reſte 2, le reſtant eſt donc
de 2105.

D. S'il se rencontre un ou plusieurs zéros dans les chiffres supérieurs, que faut-il faire ?

R. On n'emprunte rien des zéros ; mais il faut avoir recours au chiffre positif, c'est-à-dire, au chiffre qui précede les zéros, & s'il y a plusieurs zéros, les suivants valent neuf.

EXEMPLE.

Je devois . . . . . 3,005,000 #
J'en ai payé 879,662

Reste à payer . . . 2,125,338 #

Pour faire cette opération, je dis : qui de zéro paie 2, ne peut, je prends un sur le chiffre positif 5, qui sera réduit à quatre, & cet un pris dans le rang des mille vaut mille, dont j'emprunterai seulement une dizaine, & il restera 990, c'est-à-dire, 9 sur les dizaines & 9 sur les centaines ; je dis, qui de 10 paie 2 reste 8 ; mais au lieu du second & du troisieme zéro,

nous avons actuellement des neuf ; je
reprends donc ainſi ; qui de 9 paie 6
reſte 3 ; qui de 9 paie 6 reſte 3 : à l'égard
du 5 ſur lequel j'ai pris une unité, il eſt
réduit à 4 ; je dis donc, qui de 4 paie 9,
ne peut ; j'emprunte de nouveau du trois
une unité que je joint au 4, & je dis,
qui de 14 paie 9 reſte 5 ; qui de 9 (que
je conçois à la place du zéro ſuivant)
paie 7 reſte 2 ; qui de 9 paie 8 reſte 1 ;
qui de 2 (que vaut le 3 ſur lequel on a
pris une unité) paie rien reſte 2.

De la preuve de la Souſtraction.

D. Pour connoître ſi une Souſtraction
eſt bonne, que fait-on?

R. La preuve de la Souſtraction ſe
fait en ajoutant le reſte au nombre de
deſſous, c'eſt-à-dire, le nombre reſtant
au nombre ſouſtrait, & ſi la ſomme de
ces deux nombres eſt égale au nombre de deſſus, ou au plus grand, la Regle
eſt bonne, parce que dans le premier

B 3

nombre il ne peut y avoir que celui qu'on
a fouftrait, & celui qui refte après la
fouftraction.

EXEMPLE.

$$89,456 \text{ ﬅ}$$
$$57,638$$
$$\overline{31,818} \text{ ﬅ}$$
$$\overline{89,456} \text{ ﬅ}$$

De la Souftraction compofée.

D. Qu'eft-ce que la Souftraction compofée?

R. La Souftraction compofée eft celle
qui renferme des nombres de diverfes
efpeces, par exemple, des livres, des
fols, des deniers; elle fe fait comme la
Souftraction fimple, à cela près, que
quand il y a plus de deniers, par exemple,
à ôter qu'il n'y en a dans le plus grand
nombre, on emprunte un fol; & de

même s'il y a plus de fols à ôter , on emprunte une livre fur le premier chiffre des livres.

EXEMPLE.

De	436 ₶	12 f	8 ₰
Otez . . .	209	18	11
Refte . . .	226 ₶	13 f	9 ₰

J'opere ainfi : je dis , qui de 8 deniers en paie 11 , ne peut , j'emprunte un fol fur les 12 , & je le joint aux 8 deniers , cela fait vingt deniers , & je reprends , qui de 20 paie 11 refte 9 ; enfuite paffant aux fols, dont il ne refte que 11 , je dis , qui de 11 en paie 18 , ne peut , j'emprunte une livre qui fait 20 fols à joindre aux 11 fols , & je dis , qui de 31 fols en paie 18, refte 13 : après les fols je reviens aux livres , où il n'y a plus que 5 unités ; qui de 5 livres en paie 9 , ne peut; qui de 15 en paie 9 refte 6 ; qui de 2

B 4

paie o reste 2 ; qui de 4 paie 2 reste 2 ;
le restant est donc 226 livres 13 sols 9
deniers, & joint au nombre de dessous
209 livres 18 sols 11 deniers, il est égal
au nombre de dessus, qui est de 436 livres
12 sols 8 deniers.

De la Multiplication simple.

D. Qu'est-ce que la *Multiplication ?*
R. C'est une Regle par laquelle on
répete un nombre autant de fois qu'il y a
d'unités dans un autre nombre, ce qui
forme une somme totale qui s'appelle le
produit ; par exemple, à quoi monte 150
multiplié par 20, ou combien me coû-
teront les gages de vingt domestiques à
150 livres chacun.

D. Combien y a-t-il de sortes de Multiplication?

R. Il y en a de deux sortes, l'une simple
& l'autre composée.

D. Qu'est - ce que la Multiplication
simple ?

R. C'eſt celle qui eſt formée par des ſommes de même eſpece ; par exemple , combien donnent 100 livres multipliées par 4 , ou par 12 , ou par 18.

D. Qu'éſt-ce que la Multiplication compoſée ?

R. C'eſt celle qui eſt formée de nombres de diverſes eſpeces , comme de louis d'or , d'écus , de livres , de ſols , &c. Par exemple , 15 louis , 5 écus , 9 ſols , 6 deniers multipliés par 4 ou par 12.

D. Comment ſe fait la Multiplication ?

R. Il faut , 1°. placer les chiffres du *Multiplicande* ou de la quantité qu'il faut multiplier , & ceux du *Multiplicateur* , les uns ſous les autres , de ſorte que les unités ſoient ſous les unités , les dizaines ſous les dizaines, les centaines ſous les centaines , &c. On place communément le plus petit nombre ſous le plus grand, & l'on tire une ligne ſous les deux nombres.

2°. Multiplier tous les chiffres du Multiplicande par chaque chiffre du Multi-

plicateur, en obfervant de reculer toujours d'un rang vers la gauche les produits
qui réfultent de la multiplication de
chaque chiffre du Multiplicateur, afin
que les dizaines foient placées fous les
dizaines, les centaines fous les centaines, &c.

3°. Faire l'addition de tous ces produits particuliers, & leur fomme fera le
produit cherché.

E X E M P L E.

Soit la fomme . . .	38,476 ℔
A multiplier par . . .	35
Premier produit . . .	192,380 ℔
Second produit . . .	115,428
Total du produit . .	1,346,660 ℔

Pour parvenir à cette opération, je
dis, 5 fois 6 font 30, je pofe 0, & je
retiens les 3 dizaines pour les mettre
avec les autres dizaines; enfuite 5 fois 7

font 35, & 3 que j'ai retenu font 38, ce font 3 centaines & 8 dizaines, je pofe 8 & je retiens 3 pour mettre avec les centaines ; en continuant ainfi jufqu'au dernier rang, j'aurai le premier produit 192380 : enfuite je paffe au fecond chiffre 3 du Multiplicateur, en difant, trois fois 6 font 18, je pofe 8, mais en le reculant d'un chiffre, car ce font 8 dizaines qu'il faut placer fous les dixaines ; je multi-plie de même tous les chiffres du Mul-tiplicande par ce chiffre 3 du Multipli-cateur, & j'ai le fecond produit 115428.

Enfin, je fais l'addition de ces deux produits, & la fomme qui en réfulte eft le produit total.

D. Si les nombres donnés contiennent des zéros, que faut-il faire?

R. Si les zéros font mêlés parmi les chiffres, ils produifent toujours des zéros, car tout ce qui eft multiplié par zéro fait toujours zéro. Si les zéros font à la fin des nombres, on peut multiplier les chiffres pofitifs les uns par les autres,

& ajouter feulement au produit tous les zéros.

EXEMPLE.

	300 ᴴ	4750 ᴴ
A multiplier par	256	300
	76,800 ᴴ	1,425,000 ᴴ

La raifon de cette opération eft qu'un zéro à la fin d'un nombre rend ce nombre dix fois plus grand, auffi - bien que fon produit; ainfi le même zéro qui eft à. la fin du nombre qu'on multiplie peut fe mettre à la fin du produit.

Pour faciliter la Multiplication, on emploie la Table de Pythagore, où les produits des neuf premiers chiffres les uns par les autres font marqués, & qu'il eft bon d'avoir devant foi lorfqu'on multiplie, jufqu'à ce qu'on l'ait dans la mémoire. Si l'on demande combien valent 7 fois 8, on verra vis-à-vis de 7 & au-deffous de 8 le produit 56.

Table pour la Multiplication.

1	2	3	4	5	6	7	8	9
2	4	6	8	10	12	14	16	18
3	6	9	12	15	18	21	24	27
4	8	12	16	20	24	28	32	36
5	10	15	20	25	30	35	40	45
6	12	18	24	30	36	42	48	54
7	14	21	28	35	42	49	56	63
8	16	24	32	40	48	56	64	72
9	18	27	36	45	54	63	72	81

De la Multiplication compofée.

D. Comment fe fait la Multiplication compofée ?

R. En multipliant féparément les nombres de diverfes efpeces.

E X E M P L E.

J'ai acheté 67 aunes de drap à 6 livres 4 fols 2 deniers l'aune, combien vaut le tout? J'écris 67 trois fois, je pofe 6 livres fous l'un, 4 fols fous l'autre, enfin 2 de-

niers fous le troifieme , & je les multiplie tous trois féparément.

$$
\begin{array}{ccc}
67 & 67 & 67 \\
6 & 4 & 2 \\
\hline
402 & 268 & 134
\end{array}
$$

Le premier produit eft de 402 livres ;
le fecond eft 268 fols, ou 13 livres 8 fols ;
le troifieme eft de 134 deniers, ou 11 fols
2 deniers ; ainfi, après avoir réduit les
deniers en fols & les fols en livres &
ajouté les trois produits , on trouvera que
les 67 aunes de drap coûtent 415 livres
19 fols 2 deniers.

Comment prouve-t-on la juftefle de
la Multiplication ?

R. Par la Divifion.

De la Divifion.

D. Qu'eft-ce que la *Divifion?*

R. C'eft une Regle par laquelle on cherche combien de fois un nombre eft contenu dans un autre ; par exemple, divifer

24 par 8, c'eſt chercher combien de fois 8 eſt contenu dans 24 ; en diſant, dans 24 combien de fois 8, on trouve qu'il y eſt contenu trois fois, ainſi 3 exprime combien de fois 8 eſt contenu dans 24. Cela ſe trouve auſſi par la Table précédente ; car ſi dans la colonne de 8 je cherche 24, je verrai qu'il répond au nombre 3 de la premiere colonne.

D. Que faut-il diſtinguer dans la Diviſion ?

R. Trois choſes ; ſavoir, le *dividende*, qui eſt le nombre à diviſer ; le *diviſeur*, qui eſt celui par lequel on diviſe, & le *quotient* ou réſultat de la Diviſion, c'eſt-à-dire, le nombre qui marque combien de fois le diviſeur eſt contenu dans le dividende ; ainſi, dans l'exemple propoſé, 24 eſt le dividende, 8 eſt le diviſeur, & 3 eſt le quotient ou le réſultat de la Diviſion.

D. Comment ſe fait la Diviſion ?

R. Si le diviſeur n'a qu'un ſeul chiffre.

1°. On fait à côté du dividende un petit arc qu'on traverſe d'une ligne droite ſur laquelle on place le diviſeur ; on cherche combien le diviseur eft contenu de fois dans le premier chiffre du dividende, & l'on pofe le nombre de fois au-deffous de la petite ligne.

2°. On multiplie ce quotient par le diviseur, le produit fe retranche du chiffre du dividende, & s'il y a quelque refte, on l'écrit au-deffous.

3°. On abaiffe à côté de ce refte le chiffre fuivant du dividende, l'on cherche de nouveau combien le diviseur y eft contenu de fois, & on l'écrit à la fuite du chiffre du quotient; on continue de cette même maniere pour tous les chiffres du dividende & l'on a le quotient tout entier.

Exemple.

Dividende,	7854	3	Diviseur.
Premier produit,	6	2618	Quotient.
Second membre,	18		
Second produit,	18		
3e membre,	05		
Troifieme produit,	3		
4e membre,	24		
4e produit,	24		
	0		

En

En commençant par la gauche du Dividende, je dis en 7 combien de fois 3; on trouve 2, je mets le 2 au Quotient, je multiplie 3 par 2, ce qui donne 6; 6 ôtez de 7, reste 1. J'abaisse le chiffre 8 à côté de 1, mis au-dessous du premier chiffre du Dividende, ce qui fait 18; & je dis en 18 combien de fois 3, je trouve 6: je mets 6 au quotient, en multipliant 3 par 6, & en soustrayant des chiffres du Dividende, je trouve qu'il ne reste rien; j'abaisse le 5, qui est le chiffre suivant, & je dis de même en 5 combien de fois 3, je trouve 1 que je pose au Quotient : en multipliant 3 par un, & soustrayant de 5, il reste 2, à côté duquel j'abaisse le 4 qui est au Dividende, ce qui fait 24, dans lequel nombre trois est contenu 8 fois. —Je mets 8 au Quotient, je multiplie par 8 le Diviseur 3, cela fait 24, qui, retranchés de 24, ne donnent aucun reste; & comme il n'y a plus de chiffres au Dividende, le Quotient cherché est 2618.

C

D. Pourquoi dans la premiere opération de l'exemple donné portez-vous 2
feulement au Quotient, puifque le 7 du
Dividende exprime des mille ?

R. Ce 2 au Quotient exprimera auffi
des mille; ainfi j'écris 2 feulement au Quotient, parce que la Divifion qui fe fait
enfuite par le Divifeur, des centaines,
des dizaines & des unités du Dividende
donne fucceffivement au Quotient des
centaines, des dizaines & des unités,
c'eft-à-dire, des chiffres, qui, mis à la
fuite du premier, montrent fa véritable
valeur, c'eft-à-dire, des milles.

D. Qu'eft-ce qu'on appelle membres
de la Divifion ou du Dividende ?

R. On appelle membres de la Divifion
ou du Dividende les chiffres du Dividende dans lefquels on cherche à chaque
fois combien le Divifeur eft contenu; ce
font les Dividendes partiels; ainfi dans
l'exemple ci-deffus 7 eft le premier membre, 18 le fecond, 5 le troifieme, & 24
le quatrieme.

D. Si le premier chiffre du Dividende
est plus petit que le Diviseur, comment
opere-t-on?

R. Il faut alors prendre deux chiffres en
commençant l'opération.

D. Si dans une Division quelqu'un des
membres, ou Dividendes partiels, ne contient pas le Diviseur, que fait-on?

R. Il faut écrire zéro au Quotient pour
conserver aux chiffres, déjà trouvés pour
le Quotient, leur valeur de position;
l'on abaisse ensuite un autre chiffre à
côté de ce Dividende partiel, & l'on
continue la Division.

EXEMPLE.

Dividende, 14464 } 8 Diviseur.
8

64
64   1808 Quotient.

064
64

0

C 2

Le premier chiffre du Dividende ne contenant pas le Diviseur 8, je prends les deux premiers 14, & je dis 8 est dans 14 une fois que j'écris au Quotient, je fais la souftraction ; il reste 6, à côté duquel j'abaisse le 4, troisieme chiffre du Dividende ; 8 est dans 64 huit fois, je porte 8 au Quotient, & il reste o, à côté duquel j'abaisse 6, quatrieme chiffre du Dividende ; 8 n'est pas contenu dans 6, je pose o au Quotient, & j'abaisse à côté du 6 le dernier chiffre 4 du Dividende ; 8 est dans 64 huit fois, j'écris 8 au Quotient, & il ne reste rien ; cette opération prouve que le Diviseur 8 est contenu dans le Dividende 14464, la quantité de 1808 fois.

D. Si le Diviseur est composé de plusieurs chiffres ou caracteres, que faut-il faire ?

R. Il faut prendre autant de chiffres au Dividende qu'il y en a dans le Diviseur.

2°. Il faut chercher combien de fois

le premier chiffre du Diviseur eſt contenu dans le premier chiffre, ou s'il le
faut, dans les deux premiers chiffres du
Dividende partiel, & placer le Quotient
ſous le Diviseur.

3°. Multiplier par ce Quotient tous les
chiffres du Diviseur, ſouſtraire le produit des chiffres du Dividende, ſi ce produit n'eſt pas trop grand, & écrire le
reſte au-deſſous.

4°. Si la Souſtraction ne peut ſe faire,
il faut diminuer le chiffre mis au Quotient, d'une unité ou de pluſieurs ; juſqu'à ce que le produit du Diviseur, par
le chiffre du Quotient, puiſſe être ſouſtrait
des chiffres qu'on a pris pour premier membre du Dividende.

5°. Il faut enfin écrire le reſte, s'il
y en a un, auquel on joindra un nouveau chiffre ou une nouvelle figure du
Dividende qu'on abaiſſera, on recom-
mencera toujours la même opération,
juſqu'à ce qu'on ſoit parvenu à la derniere
figure du Dividende.

C 3

EXEMPLE.

Dividende   7534 | 53 Diviseur.

$$\begin{array}{r} 53 \\ \hline 223 \qquad 142 \tfrac{8}{53} \text{ Quotient.} \\ 212 \\ \hline 114 \\ 166 \\ \hline \end{array}$$

Reste   8

Je prends d'abord les deux premiers chiffres du Dividende, qui font 75 ; je cherche combien de fois 5 , premier chiffre du Diviseur, eft contenu dans 7 , premier chiffre du Dividende ; je trouve 1 que j'écris au Quotient, je multiplie enfuite 53 par 1 , je retranche le produit de 75 , il refte 22 ; à côté de ce refte j'abaiffe le chiffre fuivant 3 du Dividende, & je dis en 22 combien de fois 5 ? Il y eft 4 fois, j'écris 4 au Quotient.

Je multiplie de même 53 par 4, je

trouve 212, qui, retranchés du membre
du Dividende 223, donnent pour reste 11 ;
j'abaisse le chiffre 4 du Dividende, &,
continuant comme dessus, j'ai 2 pour le
Quotient, & 8 pour le reste ; j'écris le
reste à côté du Quotient, en mettant le
Diviseur au-dessous de ce reste, & les sé-
parant par un trait qui indique qu'il res-
teroit encore à diviser 8 par 53 : mais
c'est une *Fraction*. Nous en parlerons dans
la suite de cet ouvrage.

De la preuve de la Division.

D. Quelle est la preuve de la Division ?

R. C'est la Multiplication. Si en multipliant tout le Quotient par le Diviseur
on a un produit égal au Dividende, c'est
une preuve que l'opération est bien faite.
Si donc on multiplie 142 par 53, & qu'au
produit 7526 on ajoute le reste 8, il
viendra 7534, valeur du Dividende de
l'exemple proposé.

C 4

DES PROPORTIONS.

Un Voyageur, qui va toujours le même pas, marchant pendant une heure, a fait deux lieues ; s'il marche pendant deux heures, il fera quatre lieues, parce qu'en deux fois plus de temps on fait deux fois plus de chemin, ou parce qu'une heure eſt à deux heures, comme deux lieues font à quatre lieues. En trois heures il fera ſix lieues ; car un eſt à deux, comme trois eſt à ſix. De même deux eſt à quatre, comme trois eſt à ſix, & c'eſt ce qu'on appelle une proportion géométrique.

Quand on dit que deux eſt à quatre, comme trois eſt à ſix, on entend que deux eſt contenu dans quatre autant que trois l'eſt dans ſix, ou, ce qui revient au même, que deux contient autant de parties tirées de quatre, que trois contient de parties ſemblables tirées de ſix. En effet, deux contient une des

moitiés de quatre , comme trois contient une des moitiés de fix.

Dans une proportion il y a quatre
termes qui conftituent deux rapports
égaux ; ainfi le rapport de deux à quatre eft le même que le rapport de trois
à fix. Un homme qui dépenferoit quatre louis en deux jours , & celui qui
dépenferoit fix louis en trois jours au-
roient fait la même dépenfe à proportion, qui eft de deux louis chaque jour.
Le rapport qu'il y a de la dépenfe avec
le temps eft donc exactement le même
de part & d'autre , & ces deux rapports
égaux font la proportion : deux eft à
quatre, comme trois eft à fix.

On dit qu'un rapport eft grand quand
le premier terme, divifé par le fecond,
donne un Quotient qui eft grand, & c'eft
toujours le nombre que l'on nomme le
premier , où l'antécédent , qui eft fuppofé Dividende, & le fecond, où le conféquent eft fuppofé Divifeur.

Dans toute proportion le produit des

extrêmes eſt égal au produit des moyens.
Prenons pour exemple cette proportion :
deux eſt à quatre , comme quatre eſt à
huit. Le produit de quatre par quatre eſt
ſeize. Pour faire ce même produit, ſeize,
avec deux autres nombres , il faut que
l'un ſoit plus petit que quatre , mais que
l'autre ſoit plus grand que quatre , afin
de faire une compenſation exacte. Si
d'un côté j'ai deux, qui n'eſt que la moitié de quatre , mais que de l'autre je
prenne huit, qui eſt le double de quatre, je ferai avec deux & huit le même
produit qu'en prenant quatre & quatre ;
l'un des nombres , qui eſt deux, étant
plus foible , & l'autre qui eſt huit étant
plus fort , il en réſultera la même choſe.
En effet , deux fois huit font ſeize , de
même que quatre fois quatre.

Si donc j'ai cette proportion , deux
eſt à quatre, comme quatre eſt à huit,
le premier terme étant par rapport à
quatre, comme quatre eſt par rapport à
huit ; c'eſt-à-dire, contenu dans quatre

autant que quatre est contenu dans huit, le produit de deux & de huit, qui sont le plus grand & le plus petit des quatre nombres, est précisément le même produit que celui de quatre par quatre, c'est-à-dire, des nombres qui tiennent le milieu. C'est ce que l'on entend, quand on dit le produit des extrêmes est égal au produit des moyens.

Si l'on disoit un est à trois, comme deux est à six, le produit de un par six seroit le même que le produit d'un nombre trois fois plus grand que un, c'est-à-dire 3, par un nombre trois fois plus petit que 6, c'est-à-dire, deux; des nombres qui seroient l'un quatre fois plus grand, & l'autre quatre fois plus petit feroient encore la même chose. En général, si A est à B, comme B est à C, le produit de A par C sera égal au produit de B par B. Puisqu'en vertu de la proportion A est plus petit que B dans le même rapport que C est plus grand.

Un rapport composé est celui qui réfuite de deux autres rapports différens, ayant lieu tout-à-la-fois. Ainfi, deux Voyageurs, dont l'un fait une lieue par heure, & l'autre deux lieues par heure, ont des vîteffes qui font dans le rapport de deux à un. Si le fecond marche plus long-temps que le premier dans le rapport de quatre à un, c'eft-à-dire, l'un pendant une heure du jour, & l'autre pendant quatre heures, celui-ci fera huit lieues, ou huit fois plus de chemin que le premier. Le chemin eft dans le rapport compofé de deux à un, & de quatre à un, c'eft-à-dire, dans le rapport de huit à un, ou dans le rapport du produit des deux antécédens deux & quatre, au produit des deux conféquens un & un. Cela eft évident; car dans la premiere heure feulement le premier fera le double de chemin à raifon de fon habileté ou de fa vîteffe; à la fin de la feconde heure il en aura fait quatre fois autant; à la fin de la troifieme heure fix fois autant, à la fin de la quatrieme huit fois autant

Il eſt donc vrai que le rapport compoſé des deux rapports, l'un de deux à un, l'autre de quatre à un eſt le rapport de huit à un. C'eſt donc le rapport du produit des antécédens deux & quatre, au produit des conſéquens, qui font un & un.

LA REGLE DE TROIS, ou la Regle de proportion, n'eſt qu'une application des principes expliqués ci - deſſus, & elle s'exécute par le moyen de la Multiplication & de la Diviſion arithmétique. Par exemple, deux arpens de terre ont produit quatre ſeptiers de bled; combien en produiront trois arpens. C'eſt une proportion dans laquelle on voit que deux eſt à quatre, comme trois eſt au nombre cherché, & comme le produit des extrêmes eſt égal au produit des moyens; il s'enſuit que deux fois le nombre cherché eſt égal au produit de quatre par trois, ou à douze : donc en diviſant douze par deux, on aura le nombre cherché, c'eſt-à-dire ſix.

Ainſi, pour faire la Regle de trois, il

ne faut que divifer le produit du fecond & du troifieme nombre par le premier, & l'on trouve au Quotient le nombre cherché.

Telle eft la premiere & la plus fimple application des proportions & des Regles de l'Arithmétique; on en trouvera d'autres dans la Géométrie , dans la Mécanique & dans l'Algèbre.

LEÇONS ÉLÉMENTAIRES

DE

MATHÉMATIQUES.

LIVRE SECOND.

DE LA GÉOMÉTRIE.

ON ignore d'où la Géométrie tire
son origine ; cependant on préfume que
cette Science eft née dans l'Egypte , qui
a été le berceau de la plupart des autres
Sciences. Jofephe en attribue l'invention
aux Hébreux , d'autres à Mercure. On
prétend que Thalès l'apporta de l'Egypte

*

en Grèce, & que même il enrichit la Géométrie de plufieurs propofitions. Pythagore enfuite cultiva auffi cette Science avec fuccès. On lui attribue la fameufe propofition de l'Hypothénufe. Anaxagore de Clazomène s'occupa du problème de la quadrature du cercle. Platon, fon admirateur, fe diftingua auffi dans cette Science, & donna une folution très-fimple du problème de la duplication du cube. Hippocrate de Chio, qui vint après Anaxagore, fe diftingua dans la Géométrie par fa fameufe quadrature ou mefure de la Lunule formée par deux arcs de cercles. Euclide compofa fur cette Science l'Ouvrage qui eft parvenu jufqu'à nous : il vivoit trois cents ans avant Jefus-Chrift. Apollonius de Perge, qui vivoit deux cents - cinquante ans avant Jefus-Chrift, fut celui, à ce qu'on prétend, qui donna aux trois courbes des fections coniques, les noms qu'elles portent : de *Parabole*, d'*Ellipfe* & d'*Hyperbole*; & ce fut à-peu-près dans le même temps

temps que fleuriſſoit Archimède, qui a laiſſé de ſi beaux Ouvrages à la poſtérité, entr'autres ſur la Sphere, ſur le Cylindre & ſur la Spirale ; enfin, un grand nombre d'autres dans l'antiquité ſe ſont diſtingués dans la Science de la Géométrie.

Ptolemée, grand Aſtronome, & par conſéquent Géomètre, vivoit cent vingt ans après Jeſus-Chriſt, Pappus d'Alexandrie, du temps de Théodoſe, vers l'an 380.

L'ignorance profonde qui couvrit la ſurface de la terre, ſur-tout l'Occident, depuis la deſtruction de l'Empire par les Barbares, nuiſit à la Géométrie comme à toutes les autres connoiſſances.

A la renaiſſance des Lettres, on ſe borna preſqu'uniquement à traduire & à commenter les ouvrages de Géométrie des anciens. Cette Science fit peu de progrès juſqu'à Deſcartes, qui publia, en 1637, ſa Géométrie, dans laquelle il ouvrit une nouvelle carriere par l'appli-

D

cation qu'il fit de l'Algèbre à la Géométrie, ce qui a été l'origine des progrès furprenants que cette Science a faits
dans la fuite. On doit encore à ce grand
homme d'avoir appliqué le premier, avec
quelque fuccès, la Géométrie à la Science
de la nature ; enfin, il a eu la gloire d'a-
voir penfé le premier à rechercher les
loix du mouvement, quoiqu'il fe foit
trompé fur ces loix.

Tandis que Defcartes ouvroit à la Géométrie une carriere nouvelle, d'autres
Mathématiciens s'y frayoient auffi des
routes à d'autres égards, & préparoient,
quoique foiblement, cette Géométrie de
l'infini qui devoit faire dans la fuite de fi
grands progrès ; Bonaventure Cavalleri,
Religieux Italien ; Grégoire de Saint Vin-
cent, & fur-tout Pafcal, fe diftinguerent
dans cette Science, ainfi que Wallis,
Mercator, Brouncker, Jacques Grégori,
Huygens & plufieurs autres. Leibnitz,
Jacques & Jean Bernoulli enrichirent
encore la Géométrie par de nouvelles

découvertes, mais Newton eſt celui qui a fait le plus grand pas, dans ſon fameux Livre, intitulé : *Philoſophiæ naturalis principia Mathématica*, publié en 1687, qu'on peut regarder comme l'application la plus étendue & la plus heureuſe qui ait été faite de la Géométrie à la Phyſique. Cet Ouvrage a été l'époque d'une révolution dans la Phyſique ; il a fait de cette Science une Science nouvelle, toute fondée ſur l'obſervation, l'expérience & le calcul. Enfin, dans ce ſiecle, Cotes, Maclaurin, Euler, Daniel Bernoulli, d'Alembert, Clairaut, la Grange, &c. ont encore enrichi la Géométrie par leurs découvertes, & par l'application qu'ils en ont faite à la Phyſique, à la Mécanique & à l'Aſtronomie.

ABRÉGÉ

DES

ÉLÉMENS DE GÉOMÉTRIE.

1. *Demande.* Comment peut-on diviser la Géométrie?

Réponse. On peut la diviser en *élémentaire* & en *transcendante.*

D. Qu'entend-on par la Géométrie élémentaire ?

R. C'est celle qui ne considere que les propriétés des lignes droites, des lignes circulaires, des figures & des solides les plus simples, c'est-à-dire, des *figures rectilignes* ou *circulaires*, & des solides terminés par ces figures *.

2. * Le cercle est la seule figure curviligne dont on parle dans les élémens de Géométrie; la simplicité de sa description, la facilité avec laquelle les propriétés du cercle s'en déduisent, & la nécessité de se servir

du cercle pour différentes opérations très-simples, ont déterminé à faire entrer le cercle & le cercle seul dans les élémens de Géométrie.

3. D. comment considere-t-on *le point mathématique?*

R. Il est considéré comme n'ayant ni *longueur,* ni *largeur,* ni *profondeur,* & par conséquent comme indivisible ; tel est le commencement & la fin d'une ligne.

D. Qu'est-ce qu'une *ligne?*

R. Une *ligne* est la réunion de plusieurs points mis de suite : ainsi c'est une étendue en longueur, considérée sans largeur & sans profondeur *.

* Dans la nature il n'y a réellement point de ligne sans largeur, ni même sans profondeur ; ainsi ce n'est que par abstraction qu'on considere les lignes comme n'ayant qu'une seule dimension, c'est-à-dire la longueur : on regarde la ligne comme l'écoulement, la trace du point.

4. D. Qu'est-ce qu'on nomme *surface* ou *superficie?*

R. C'est l'étendue en longueur & largeur feulement, c'eft-à-dire, abftraction faite de la profondeur *.

> * Dans les corps la furface eft tout ce qui fe préfente à l'œil ; on confidere la furface comme la limite ou la partie extérieure d'un folide. Quand on parle fimplement d'une furface , on n'a point égard au corps ou au folide auquel elle appartient , on l'appelle également fuperficie ; ainfi, on dit la fuperficie d'un cercle , d'un triangle, pour dire fa furface ou fon aire.

D. Qu'eft-ce qu'un *plan ?*

R. C'eft une furface qui eft unie, qui n'a ni *enfoncement*, ni *élévation*, ni *courbure ;* telle eft la furface d'une glace bien polie.

5. *D.* Qu'eft-ce qu'on entend par *corps* ou *folide ?*

R. C'eft une portion d'étendue qui a les trois dimenfions, c'eft-à-dire, longueur, largeur & profondeur *.

> * Comme tous les corps ont les trois dimenfions , folide ou corps font fouvent employés comme fynonimes.

DES LIGNES.

6. D. Combien y a-t-il de fortes de lignes ?

R. Trois fortes, la *droite*, la *courbe*, & la *mixte*.

D. Qu'eſt-ce que la ligne droite ?

R, C'eſt celle dont tous les points font dans la même direction, fans aucun détour ; ainſi c'eſt la plus courte de toutes celles qu'on peut tirer d'un point à un autre ; telle eſt la ligne A B, figure premiere *.

* Les lignes droites font toutes de même efpece, mais il y a des lignes courbes d'un nombre infini d'efpeces.

D. Qu'eſt-ce que la ligne courbe?

R. C'eſt celle dont tous les points ne font pas dans la même direction, & qui par conféquent ne va pas directement d'une de fes extrêmités à l'autre, mais qui s'en écarte par un détour ; telle eſt la ligne C D, fig. 2.

D. Qu'eſt-ce que la ligne mixte?

R. C'eſt celle dont une partie eſt droite, & l'autre eſt courbe; telle eſt la ligne E G, fig. 3.

7. D. Que faut-il pour déterminer la poſition d'une ligne droite?

R. Il ne faut que deux points, car l'on ne peut tirer qu'une ſeule ligne droite d'un point à un autre, tandis que l'on y peut tirer une infinité de lignes courbes, telles ſont les lignes ACB, ADB, AEB, fig. 4, tirées par les points A & B.

D. Comment meſure-t-on une ligne?

R. On ſe ſert d'une longueur détermi-née, par exemple, d'une toiſe que l'on diviſe en pieds, le pied en pouces, le pouce en lignes, &c. *

---

* Il faut faire attention que la longueur de la per-che, de la toiſe, de l'aune, du pied, &c. eſt différente dans les différens Royaumes, Provinces, Villes & même Villages; le pied de Roi eſt le plus ordinaire, il eſt diviſé en douze parties ou pouces. Les meſures Géométriques ſe diviſent plutôt en dix.

DU CERCLE.

9. D. Qu'eft-ce qu'un *cercle* ?

R. C'eft une furface plane terminée par une feule ligne courbe qu'on nomme *circonférence du cercle*, dont tous les points font à égales diftances du point du milieu, qu'on appelle *centre*. Telle eft la circonférence A D B E dont tous les points font à égale diftance du centre C, fig. 5.

D. Quelle différence y a-t-il entre le cercle & la circonférence ?

R. Le cercle eft proprement l'efpace ou le plan renfermé dans la circonférence & la circonférence eft la ligne courbe qui termine cet efpace ou plan, mais fouvent on emploie le mot de cercle pour exprimer la circonférence.

10. D. Comment divife-t-on la circonférence du cercle ?

R. Toute circonférence de cercle fe conçoit divifée en trois cents foixante parties égales qui fe nomment *degrés* ; chaque degré en foixante parties égales appellées *minutes* ; chaque minute en foixante *fecondes*, &c. ainfi un degré eft la trois cents foixantieme partie de la circonférence d'un cercle.

D. Tous les degrés font-ils de même grandeur dans toutes les circonférences ?

R. Non ; car comme il y a des circonférences de toutes fortes de grandeurs, il y a pareillement des degrés de différentes grandeurs ; ainfi le degré n'eft pas d'une grandeur abfolue, mais feulement la trois cent foixantieme partie de quelque circonférence que ce foit, grande ou petite ; d'où il s'enfuit que la plus petite circonférence a trois cents foixante degrés comme la plus grande, mais elle les a plus petits. Ainfi les degrés de la circonférence A B C D de la fig. 7 font plus petits que les degrés de la circonférence E F G H de la fig. 6 ; d'où il s'enfuit que fi la circonférence E F G H étoit fuppofée avoir trois cents foixante pieds, & la circonférence ABCD trois cents foixante pouces ; les degrés de la grande circonférence feroient chacun d'un pied, & ceux de la petite circonférence chacun d'un pouce.

11. D. Pourquoi divife-t-on la circonférence en trois cents foixante degrés?

R. Ce nombre a été choifi par les Géomètres, parce qu'il approche du nombre des jours de l'année, & qu'il renferme plus qu'aucun autre plufieurs divifeurs en parties égales, fans refte ; car, par exemple, la moitié de 360 eft 180, le tiers eft 120, le quart eft 90, la cinquieme partie eft 72, la fixieme partie eft 60, la huitieme eft 45, la dixieme eft 36, la douzieme eft 30, ainfi de plufieurs autres parties aliquotes.

* Les parties aliquotes d'un tout, font celles qui y font contenues exactement un certain nombre de fois. Ainfi cinq eft une partie aliquote de quinze, parce qu'il y eft contenu trois fois fans aucun refte; & trois eft auffi une partie aliquote de quinze, parce qu'il y eft cinq fois; il s'enfuit que l'unité eft une partie aliquote de tous les nombres.

12. D. Qu'entend-t-on par *circonférences concentriques* ?

R. Toutes les circonférences qu'on peut tirer du même centre font appellées *concentriques,* auffi bien que les cercles qu'elles renferment ; telles font les circonférences A B C D, E F G H, & I K L M, toutes décrites du même centre N, fig. 8, tous ces cercles font paralleles, c'eft-à-dire, qu'ils font dans tous leurs points également diftans les uns des autres.

13. D. Qu'eft-ce qu'un *arc ?*

R. Toute partie quelconque, grande ou petite, d'une circonférence eft appellée *arc* ; ainfi les parties A D, D E, E B du cercle A B E D, fig. 9, font autant d'arcs ; d'où l'on voit que l'arc de cercle n'eft jamais qu'une partie d'une circonférence.

D. Comment mefure-t-on la grandeur des arcs ?

R. La grandeur des arcs fe mefure par le nombre de degrés qu'ils contiennent ; ainfi, on dit un arc de 40, de 60 degrés, & lorfque ces arcs contiennent le même nombre de degrés d'un même cercle, ou de cercles égaux, ils font nommés *arcs égaux.*

D. Qu'eft-ce qu'on appelle *arcs fem-blables* ?

R. Les *arcs femblables* font ceux qui contiennent le même nombre de degrés de cercles inégaux.

14. D. Qu'eft-ce qu'un *demi-cercle* ?

R. Un *demi-cercle* eft un arc de cercle, qui comprend 180 degrés, parce que deux fois 180 font 360 ; tel eft le demi-cercle A B C de la fig. 10.

D. Qu'eft-ce qu'un *quart de cercle* ?

R. C'eft un arc de cercle qui comprend 90 degrés, ou le quart d'un cercle ; tels font les quarts de cercle AB & BC, qui font chacun de 90 degrés, fig. 11.

15. D. Qu'eft-ce qu'on nomme *rayons* ?

R. Ce font toutes les lignes droites que l'on peut tirer du centre d'un cercle à fa circonférence, comme fes rayons CD & CE, fig. 12.

On voit que les rayons CD & CE font égaux, étant tirés l'un & l'autre du même centre à la même circonférence ; il en feroit de même d'une infinité d'autres rayons que l'on pourroit tirer du même centre C, à tous les points de la circonférence.

D. Qu'eft-ce que le *diametre* d'un cercle ?

R. C'eft une ligne droite compofée de deux rayons, qui, en paffant par le centre, divife le cercle & fa circonférence en deux parties égales, chacune de 180 degrés : tel eft le *diametre* A C B, fig. 13.

D. Qu'eft-ce qu'on entend par *corde* d'un cercle ?

R. On nomme *cordes* toutes lignes tirées d'un point de la circonférence à un autre point oppofé, mais fans paffer par le centre : telles font les lignes A B & CD, fig. 14.

DES ANGLES.

16. D. Qu'eft-ce qu'un *angle* ?

R. Un *angle* eft l'ouverture que forment entre elles deux lignes qui fe rencontrent en un point, qu'on appelle *fommet* ou *pointe de l'angle* : telles font les lignes AC & AB, fig. 15 ; & ces deux lignes font nommées *côtés de l'angle*.

Lorfqu'on marque un angle avec trois lettres, celle du milieu marque toujours le fommet, & les deux autres les deux côtés ; ainfi l'on dit l'angle CAB pour exprimer l'angle A, fig. 15.

17. D. Comment divife-t-on les angles confidérés par rapport à leurs côtés ?

R. Ils fe divifent en *rectilignes*, *curvilignes* & *mixtilignes*. L'angle *rectiligne* eft celui dont les côtés font formés par des lignes droites : tel eft l'angle CAB, fig. 16.

L'angle *curviligne* eft celui dont les côtés font des lignes courbes : tel eft l'angle EFG, fig. 17.

L'angle *mixtiligne* eft celui dont un des côtes eft une ligne droite & l'autre une ligne courbe : tel eft l'angle HIK, fig. 18.

D. Comment diftingue-t-on les angles confidérés par rapport à leur ouverture ou à leur grandeur ?

18. *R.* On en diftingue trois fortes :
l'angle *droit*, l'angle *aigu* & l'angle *obtus*.

D. Qu'eft-ce que *l'angle droit?*

R. *L'angle droit* eft celui qui eft formé
par une ligne qui tombe perpendiculairement fur une autre ligne droite, c'eft-
à-dire, qui n'incline pas plus d'un côté
que de l'autre, & cette perpendiculaire
fait alors deux angles droits, l'un à droite
& l'autre à gauche : telle eft la ligne E F,
fig. 19, qui, tombant perpendiculairement fur la ligne G H, forme deux angles
droits E F G & E F H, cette ligne n'inclinant pas plus à droite qu'à gauche. Si
l'on prend deux points G & H à pareilles
diftances du point F, le point E & tout
autre point de la perpendiculaire ne fera
pas plus près du point G que du point H.

19. *D.* Qu'eft-ce que *l'angle aigu?*

R. *L'angle aigu* eft celui qui eft formé
par deux lignes droites inclinées l'une
fur l'autre, & plus rapprochées que dans
l'angle droit : tel eft l'angle D E F,
fig. 20.

Demande:

D. Qu'eft-ce que *l'angle obtus ?*

R. C'eft celui qui eft formé par deux lignes droites plus écartées, ou qui eft plus grand que l'angle droit : tel eft l'angle C A B, fig. 21.

20. Une ligne telle que A C tombant obliquement fur la ligne B D , comme dans la figure 22, fait deux angles différens l'un de l'autre ; l'un eft aigu du côté où elle panche, comme du côté M, c'eft-à-dire fur la droite , & l'autre eft obtus, comme on le voit, du côté L, c'eft-à-dire à la gauche ; ainfi , toute ligne oblique fait aufli deux angles obliques, ou deux angles qui ne font pas droits & qui ne font point égaux : tels font ceux de la fig. 22.

Ces deux angles, dont l'un eft aigu & l'autre obtus , équivalent cependant aux deux angles droits de la figure 19 ; car la ligne, en s'inclinant d'un côté, a diminué l'un des angles autant qu'elle a augmenté l'autre ; mais les deux angles reviennent pré-

E

cifément au même, & rempliffent le même efpace.

21. Par la même raifon on pourroit tirer, au - dedans des angles droits, des lignes *occultes* ou *pointillées*, fig. 23 ; il en réfulteroit quatre angles, qui entr'eux ne reviendroient qu'à deux angles droits; car ils ne font que les divifions ou les parties des deux angles droits qui étoient formés par la ligne A B, perpendiculaire fur CD.

22. D. Quelle eft la *mefure d'un angle?*

R. C'eft un arc décrit du fommet de l'angle entre fes côtés : tel eft l'arc A B décrit du fommet C, entre les côtés B C & A C, fig. 24. L'angle droit étant de 90 degrés, l'angle aigu en aura moins, & l'angle obtus fera de plus de 90 degrés. L'on mefure les angles par le rapport de leur arc à la circonférence entiere; ainfi, quand une ligne telle que A C, fig. 25, tourne autour du point C, c'eft-à-dire qu'elle refte fixe par une de fes

extrêmités C , tandis que l'autre extrêmité A tourne , elle trace un cercle ou
une circonférence telle que A E B D ;
& fi elle porte un crayon, une plume , ou
une pointe à fon extrêmité A , qui trace
ou qui décrive une circonférence , lorfqu'elle fera parvenue au quart de fa route,
la ligne A C fera devenue la ligne C E ,
alors elle aura fait le quart de fon tour.
Arrivée en B elle en aura fait la moitié ; en D, les trois quarts , & revenue
en A , elle aura décrit le cercle entier.

Ainfi , la portion A E, ou l'arc décrit
par un quart de tour, ou un quart de révolution , eft auffi un quart de cercle ,
& ce quart de cercle étant de 90 degrés répond à un angle droit , car la ligne
A C fait avec la ligne C E un angle droit ;
ainfi le quart de cercle A E annonce
l'angle droit F, il lui correfpond, & on
peut dire qu'il en eft la mefure , puifque
l'un & l'autre fe forment par un mouvement commun d'un quart de tour.

23. Si la ligne A C , tournant autour

du centre C, s'arrête au point G, fig. 26, c'est-à-dire à la moitié de l'arc AE, elle n'aura fait que le demi-quart de cercle, l'angle H ne fera que la moitié d'un angle droit, & n'aura conféquemment que 45 degrés.

Les angles & les arcs vont donc toujours enfemble ; ainfi l'arc AG eft la mefure de l'angle H , puifqu'il augmente comme lui , & qu'il eft engendré par un feul & même mouvement ; l'angle H étant aigu , l'arc A G, qui eft né avec lui , s'étant formé par la circulation de la même ligne , eft néceffairement moindre que le quart de cercle , conféquemment il eft aigu.

24. Si l'angle dévient obtus, l'arc fera plus grand que le quart de cercle , & aura conféquemment plus de 90 degrés, comme dans la figure 27, où l'angle C, qui eft obtus, a pour mefure l'arc A K, plus grand que le quart de cercle A E de la figure 26. Rien n'eft plus propre à fervir de mefure à une chofe ; que

celle dont les accroiſſemens ſont toujours égaux & ſimultanés , c'eſt à-dire,
ſe faiſant enſemble & marchant d'un pas
égal.

25. D. La grandeur d'un angle dé-
pend-elle de la grandeur de ſes côtés ?

R. Non, elle dépend uniquement de
l'ouverture ou de l'inclinaiſon de ſes
côtés ; par exemple, ſi l'angle A C B ,
fig. 28 , eſt de 60 degrés ; l'angle E C D
fera également de 60 degrés , quoique
ſes côtés ſoient plus petits ; ces deux
angles ayant pour meſure chacun un arc
de 60 degrés.

26. D. Qu'entend-on par *le complément
d'un angle aigu ?*

R. C'eſt ce qu'il faut ajouter à l'angle
aigu , afin que la ſomme ſoit égale à un
angle droit ; ainſi , par exemple , ſi un angle aigu a 55 degrés , ſon complément
fera un angle de 35 degrés , qu'il faut
pour former les 90 degrés , meſure de
l'angle droit ; le complément de l'angle
ECB (fig. 29.) eſt l'angle DCE, qui, avec le

premier , fait l'angle droit D C B , il
y en a qui appellent complément d'un
angle obtus ACE, fig. 30, l'angle DCE,
ou la quantité dont il surpasse un angle
droit , mais il est peu usité dans ce
sens-là.

D. Qu'entend-on par *supplément d'un
angle* ?

R. C'est ce qu'il faut ajouter à un
angle ; afin que la somme soit égale à
deux angles droits ; ainsi, par exemple ,
le *supplément* d'un angle de 120 degrés
sera un angle de 60 degrés, parce que
ces deux sommes réunies font 180 degrés, valeur de deux angles droits : ainsi,
l'angle E C B, fig. 31, est le supplément
de l'angle E C A , & réciproquement.

27. D. Qu'entend-on par *les angles
opposés au sommet* ?

R. Ce sont ceux qui sont formés par
deux lignes, qui se coupent , en sorte que
l'un de ces angles est d'un côté du point
d'intersection , & l'autre du côté opposé :
tels sont les angles obtus BCE & ACD,

où les angles aigus ACE & BCD de la figure 32, ces angles font néceffaire-ment égaux, car la ligne ECD étant inclinée fur la ligne ACB ne fauroit être plus inclinée en haut qu'en bas; ainfi elle ne peut faire au-deffus un angle plus petit qu'au-deffous. Nous en verrons encore une autre preuve (art. 31.)

28. D. Qu'eft-ce qu'un *angle infcrit* ?

R. On nomme *angle infcrit* tout angle qui a fon fommet à la circonférence, & qui eft formé par des cordes : tel eft l'angle BAD de la figure 33.

29. D. Qu'eft-ce que *l'angle du feg-ment* ?

R. On appelle *angle du fegment*, l'angle qui a fon fommet à la circonférence, & qui eft formé par une corde & une tan-gente : ainfi les angles BAD & CAD de la fig. 34 font appellés angles du fegment.

30. D. Qu'entend-on par *fegment* ?

R. C'eft la partie du cercle terminée par une corde & par l'arc foutenu par cette corde : tel eft l'efpace ADF con-

E 4

tenu entre la corde A D & l'arc A F D
(fig. 34). Toute corde qui ne paffe pas
par le centre divife le cercle en deux
fegmens inégaux, dont l'un eft nommé
le *petit fegment*, comme ADF, & l'autre
le grand fegment, comme A D G E; c'eft
pour cela que l'angle B A D eft appellé
l'angle du petit fegment, & l'autre CAD,
qui eft le fupplément du premier, eft
appellé l'angle du *grand fegment*.

31. D. Qu'eft-ce que valent les angles formés par une ligne qui en traverfe une autre ?

R. La ligne A B (fig. 35) qui traverfe
perpendiculairement la ligne D E , fait
quatre angles droits, deux au-deffus &
deux au-deffous. Si la ligne traverfe obliquement (fig. 36) elle fera par en haut
deux angles inégaux, l'un aigu, & l'autre
obtus, & elle en fera par en bas deux
autres qui feront précifément les mêmes,
mais oppofés au fommet ; ainfi, comme
nous l'avons déjà obfervé (article 27),
les angles oppofés par la pointe font toujours égaux.

PROBLÈME I.

32. D. Comment de deux points donnés tire-t-on une ligne droite de l'un à l'autre ; par exemple, des points A & B, fig. 37 ?

R. Il faut poser une *regle* sur ces deux points A & B, de maniere qu'en traçant une ligne le long de la regle avec la plume, ou un crayon, elle passe par les points A & B, & qu'elle les recouvre entiérement.

PROBLÈME II.

33. D. Comment décrit-on un cercle qui ait pour rayon une ligne donnée, telle que la ligne AB, fig. 38?

R. Il faut prendre un *compas*, poser une de ses pointes au point A, & ouvrir l'autre pointe jusqu'à ce qu'elle tombe sur le point B ; ensuite la premiere pointe restant au point A, il faut faire mouvoir l'autre autour de ce point, & elle décrira le cercle demandé.

Problème III.

34. D. Comment fur une ligne donnée
faire un angle égal à un autre angle donné?

R. Soit la ligne donnée A B (fig. 39),
& l'angle donné G E F : du fommet de
cet angle , l'on décrit un arc entre fes
deux côtés ; enfuite de l'extrêmité A de
la ligne donnée · & de la même ouverture du compas , on décrit un arc indéfini , tel que B C, fur lequel on prend
avec un compas la partie B D , égale
à l'arc F G ; après quoi il faut tirer une
ligne du point A au point D, elle formera
alors l'angle D A B égal à l'angle donné
G E F, ce qui eft évident , puifque ces
angles ont pour mefure des arcs égaux
de cercles égaux.

Problème IV.

35. D. Comment faut-il opérer pour
couper un angle en deux parties égales ?

R. Soit, par exemple, l'angle A (fig. 40)
qu'il faille couper en deux parties égales ;

il faut du point A, comme centre & d'un intervalle pris à discrétion, décrire l'arc BC ; ensuite des deux points B & C pris pour centres, on décrit deux arcs de la même ouverture du compas, qui se couperont en un point comme D ; enfin, tirer une ligne droite du point A au point D, elle coupera l'angle BAC en deux parties égales ; car la ligne AD coupera l'arc BC en deux parties égales, parce que le point A, par la construction, est également éloigné des points B & C, le point D est aussi également éloigné des mêmes points B & C ; il en sera de même de tous les points intermédiaires, comme E (article 18) ; ainsi le point E est autant éloigné de B que de C, donc il coupe BC en deux parties égales, donc AD coupe aussi nécessairement en deux parties égales l'angle BAC, dont l'arc BC est la mesure.

PROBLÈME V.

36. D. Comment élève-t-on une per-

pendiculaire fur une ligne, d'un point
donné hors de la ligne?

R. Soit le point C, fig. 41, hors de
la ligne A B, de ce point C, comme
centre, il faut décrire un arc qui coupe
la ligne en deux points, tel que E & F;
enfuite du point E & du point F, il faut
décrire avec une autre ouverture de compas deux arcs qui fe coupent en un point
D, enfuite on tire une ligne droite, paffant par le point C & par le point d'interfection D des deux arcs, cette ligne D G
fera perpendiculaire à la ligne droite A B,
puifque tous fes points, comme C D G,
font également éloignés des points E & F
pris fur la ligne A B (art. 18.)

PROBLÈME VI.

37. *D.* Si le point donné eft dans la
ligne même, comment parvient on à élever une perpendiculaire fur cette ligne?

R. Le point C, par exemple, fig. 42,
étant dans la ligne A B, il faut de ce

point, comme centre, décrire une demi-
circonférence qui coupe la ligne A B
en deux points E & F, ou bien du point
donné C, on marque les deux points E
& F à même diftance du point donné C;
de ces points E & F pris pour centres,
on décrit des arcs de la même ouverture du compas, & qui fe coupent en D:
on tire enfuite une ligne droite par le
point C, & par le point d'interfection D des
deux arcs, elle fera perpendiculaire fur la
ligne AB , puifque les points C & D font à
égales diftances des points E & F, art. 18.

PROBLÈME VII.

38. D. Si le point donné étoit à l'extrêmité de la ligne, comment opéreroit-
on pour élever une perpendiculaire ?

R. Alors il faudroit prolonger cette
ligne au-delà du point donné , comme C,
figure 43 , & décrire de ce point, comme
centre, une demi-circonférence qui coupe
la ligne prolongée en F, opérer pour le

refte, comme il eft dit dans le problème
précédent.

D. Pourquoi la ligne D C fe trouve-
t-elle perpendiculaire à la ligne donnée A B?

R. Parce que deux de fes points ; favoir, le point donné, & le point d'interfection des deux arcs, font également
diftans des deux points E & F de la
ligne donnée A B, & dès-lors tous les
autres points de la ligne D C font à égales
diftances de ces points E & F ; donc la
ligne D C eft perpendiculaire, art. 18.

39. D. Qu'entend-on par *éloignement
de perpendicule ?*

R. *L'éloignement de perpendicule* eft
la ligne comprife entre l'oblique & la
perpendiculaire, laquelle mefure la diftance de l'extrêmité de l'oblique à la perpendiculaire : telle eft la ligne H L, figure 44, comprife entre l'oblique G L &
la perpendiculaire G H, & qui marque
la diftance de l'extrêmité de l'oblique G L
à la perpendiculaire G H.

DES LIGNES PARALLELES.

40. D. Qu'eft-ce que des *lignes paralleles ?*

R. Deux lignes droites font *paralleles*
entre elles, quand elles confervent dans
toute leur étendue la même diftance;
ainfi la ligne marquée A B & la ligne CD,
figure 45, font paralleles, parce que tous
les points de la premiere font également
diftants de tous les points de la feconde;
de forte que quand elles fe prolonge-
roient à l'infini, elles ne fe rencontre-
roient jamais.

D. Comment nomme-t-on une ligne
qui coupe les paralleles ?

R. On la nomme *fécante*, elle forme
avec les paralleles plufieurs angles qu'il
faut remarquer, figure 46 ; les uns font
entre les paralleles, on les nomme *angles
interieurs* ou *internes*, tels font les angles
A, B, C, D : les autres font hors des paralleles, on les nomme *extérieurs* ou *externes;*

tels font les angles G & H au-deſſus, &
les angles O & P au-deſſous.

41. D. En comparant les angles, ſoit
internes, ſoit externes, deux à deux,
comment les nomme-t-on ?

R. Il y en a qu'on appelle alternes ;
ce font ceux dont l'un eſt dans la partie
ſupérieure, & l'autre dans la partie inférieure, l'un à droite, & l'autre à gauche
de la ſécante. Par exemple, les angles
A & D, figure 46, ſont alternes internes,
auſſi-bien que les deux autres B & C ;
pareillement les deux angles H & O
ſont alternes externes, de même que les
deux autres G & P.

D. Qu'entend-on par angles *correſpondans* ?

R. Les angles, dont l'un eſt extérieur
& l'autre intérieur, du même côté de la
ſécante, ſont nommés *correſpondans*, parce
qu'ils ſont ſitués de la même maniere,
par rapport aux deux paralleles. L'angle
G, figure 46, eſt obtus auſſi-bien que
l'angle C ; l'angle H eſt aigu auſſi-bien
que

que l'angle D : ce font deux angles correfpondans formés par l'obliquité , ou
l'inclinaifon de la fécante E F , l'un eft
auffi bien aigu que l'autre , puifque c'eft
une même ligne, qui , s'éloignant de la
perpendiculaire , rend les angles aigus du
côté où elle s'incline ; elle s'éloigne autant de la perpendiculaire par en haut
que par en bas ; donc elle doit faire un
angle auffi aigu en H qu'en D ; donc les
angles correfpondans font égaux.

L'angle A eft aigu auffi bien que l'angle H , & il l'eft autant que lui, puifque
la ligne E F, en s'inclinant, les fait aigus
l'un & l'autre , & ne pouvoit faire le
premier plus aigu que le fecond ; mais
l'angle H eft égal à l'angle D , donc
l'angle A eft auffi égal à l'angle D ; ce
font des angles alternes internes.

43. Par la même raifon , les angles
alternes externes H & O font auffi égaux ;
car l'angle H étant égal à l'angle correfpondant D, & celui-ci à l'angle O, qui
lui eft oppofé par la pointe (article 31),

F

l'angle H eft auffi égal à l'angle O. Il en eft de même de l'angle G avec l'angle P.

PROBLÊME VIII.

44. D. Comment d'un point donné tire-t-on une parallele à une ligne donnée telle que A B.

R. Soit le point donné C, fig. 47, il faut, d'un intervalle de compas pris à difcrétion, tirer un arc indéfini, tel que B D : enfuite du point B, & de la même ouverture de compas décrire un autre arc, tel que AC ; après cela il faut prendre avec le compas, fur le premier arc qui eft indéfini, une partie telle que B D égale à A C ; enfin tirer une ligne droite qui paffe par les deux points C & D. Cette ligne fera parallele à la ligne A B, puifque les arcs A C & B D font égaux & placés de la même maniere.

Des lignes droites, considérées par rapport au cercle.

45. D. Comment considere-t-on les lignes droites par rapport au cercle ?

R. Les lignes droites qui ont rapport au cercle font ou des *sécantes extérieures*, ou des *sécantes intérieures*, ou des *tangentes*.

D. Qu'est-ce qu'on nomme *sécante extérieure* ?

R. On appelle *sécante extérieure* une ligne tirée d'un point hors du cercle, & qui coupe la circonférence ; telles font les lignes A B & A C, fig. 48.

D. Qu'est-ce qu'une *sécante intérieure* ?

R. C'est une ligne droite tirée d'un point en-dedans du cercle, & qui se termine à la circonférence : telles font les lignes AB & AD, fig. 49.

Nota. Il ne faut pas confondre les sécantes avec les rayons, cordes & diametres : l'on doit se souvenir que si la ligne est tirée seulement du centre à la circonférence, elle prend alors le nom de *rayon* ; celui de *corde* fi elle eft tirée d'un point de la circonférence, & qu'elle fe termine à un autre point de la circonférence; & qu'enfin fi elle paffe par le Centre en fe terminant des deux côtés à la circonférence, elle prend le nom de *diametre*.

46. D. Qu'eft-ce qu'une *tangente?*

R. C'eft une ligne droite, qui, quoique prolongée, touche la circonférence fans la couper; telle eft la ligne ABC, fig. 50, laquelle ne peut toucher la circonférence qu'au feul point B.

47. D. Qu'entend-on par *arc concave & arc convexe?*

R. Tout arc eft *concave* d'un côté; favoir, vers le centre, & *convexe* de l'autre : c'eft pourquoi, fi l'on prend un point hors du cercle, la partie de la circonférence la plus proche de ce point eft convexe à fon égard, & la plus éloignée eft concave : par exemple, dans la figure 51, l'arc F H eft convexe par rapport au point A, & l'arc B E eft concave par rapport à ce même point.

PROBLÈME IX.

48. D. Comment d'un point donné dans la circonférence tire-t-on une tangente?

R. Soit le point B, fig. 52, il faut tirer de ce point B un rayon, ensuite élever sur l'extrêmité de ce rayon une perpendiculaire telle que AB, elle sera tangente au point B ; car si on prolonge cette ligne à gauche & vers D, elle ne sera pas plus inclinée sur CB d'un côté que de l'autre ; donc elle ne se rapprochera pas du point C ; donc elle n'entrera dans le cercle ni à droite, ni à gauche ; donc elle ne fera que le toucher. Ainsi, toute ligne perpendiculaire à l'exttêmité d'un rayon est une tangente, ou une ligne, qui, touchant le cercle dans un seul point, ne peut couper la circonférence.

Nous verrons dans la suite de quelle maniere on peut tirer une tangente d'un point situé hors du cercle, article 86.

F 3

*Des figures planes , confidérées fuivant
leurs côtés & leurs angles.*

49. D. Qu'entend - on par une *figure
réguliere ?*

R. C'eft celle dont tous les côtés &
les angles font égaux ; & c'eft le contraire dans la figure *irréguliere.*

D. Qu'eft - ce qu'une *figure équilaté-
rale ?*

R. C'eft celle dont tous les côtés font
égaux. Quand on compare deux figures
enfemble, fi les côtés de l'une font égaux
aux côtés de l'autre refpectivement, c'eft-
à-dire , chacun à chacun, on dit alors
qu'elles font *équilatérales entr'elles.*

50. D. Qu'entend - on par des *figures
équiangles ?*

R. Ce font celles dont tous les angles de l'une font égaux aux angles de
l'autre. Dans deux figures comparées enfemble, lorfque les angles de l'une font
égaux aux angles de l'autre refpectivement, elles font femblables , & on les

nomme *équiangles ;* lorfque les côtés des figures comparées font égaux, auffi-bien que les angles, alors les figures font *toutes égales,* ou *égales en tout,* ou *par-faitement égales.*

51. D. Qu'eft-ce qu'une *figure inf-crite ?*

R. Une figure eft dite *infcrite* dans une autre, lorfqu'elle eft renfermée au-dedans, & que fes côtés aboutiffent à ceux de la figure dans laquelle elle eft infcrite; en ce cas, la figure dans laquelle la propofée eft infcrite, eft dite *circonf-crite* à cette même propofée.

52. D. Qu'entend-on par *fecteur de cercle ?*

R. Un *fecteur de cercle* eft une portion de la furface du cercle comprife entre deux rayons, ou terminée par un arc avec deux rayons, comme A, fig. 53.

DES TRIANGLES.

53. Qu'eft-ce qu'un *Triangle ?*

F 4

R. Un *Triangle* eſt une figure bornée par trois lignes qui forment trois angles, comme A B C, fig. 54. On prend ordinairement pour *baſe d'un triangle* le côté inférieur, tel que A B; & la hauteur d'un triangle eſt une perpendiculaire CD abaiſſée du ſommet C ſur la baſe A B, prolongée, s'il en eſt beſoin, juſqu'en D : mais on prend plus ſouvent pour baſe le grand côté, tel que C B.

54. *D.* Combien y a-t-il d'eſpeces de triangles?

R. Les trianges prennent différens noms, ſuivant qu'ils ſont conſidérés par rapport à leurs côtés, ou par rapport à leurs angles; en conſidérant le triangle par rapport à ſes côtés, il y en a de trois eſpeces; ſavoir, le *triangle équilatéral*, dont les trois côtés ſont égaux, comme le triangle A B C, fig. 55, le *triangle iſocelle*, où il n'y a que deux côtés égaux; tel que le triangle D E F, figure 56, dans lequel D F eſt égal à F E, & le *triangle ſcalene*, qui a ſes trois côtés

inégaux , comme le triangle G H I ,
fig. 57.

55. D. Comment diftingue - t - on les
triangles confidérés par rapport à leurs angles ?

R. En trois fortes ; favoir, le *triangle
rectangle* , qui a un angle droit comme
ABC, figure 58 ; l'angle B formé par la
perpendiculaire A B eft fuppofé droit,
& le côté A C, oppofé à l'angle droit,
fe nomme *hypothénufe.* Le triangle, qui
a un angle obtus, eft appellé *obtufangle* ,
comme DEF , fig. 59 ; & enfin celui qui
a fes trois angles aigus eft appellé *acutangle*, comme le triangle G H I , figure 60.

Les propriétés des triangles font la
bafe de toutes les mathématiques ; on va
les expliquer en détail.

THÉORÈME PREMIER.

56. Les trois angles d'un triangle font
égaux à deux angles droits. Je choifis

d'abord le cas le plus simple, celui d'un triangle rectangle, où dans lequel il y a un angle droit.

Ainsi dans la figure 61 je suppose l'angle B droit, je dis que l'angle A & l'angle F vaudront aussi un angle droit, en sorte que les trois ensemble vaudront deux angles droits.

DÉMONSTRATION. Tirons une ligne occulte CD perpendiculaire à BD, & par conséquent parallele à AB, cette ligne fera, avec la ligne AD, un angle E; cet angle E & l'angle F remplissent entr'eux l'angle droit formé par les lignes BD & CD; mais l'angle E est égal à l'angle A, car ce font deux *alternes internes* formés par deux lignes parallèles AB, CD, coupées par une troisieme AD : nous en avons démontré l'égalité en parlant des lignes parallèles (art. 42) : donc l'angle A & l'angle F valent ensemble un angle droit; donc réunis avec l'angle B, ils font deux angles droits. Ce qu'il falloit démontrer.

Il est aisé de comprendre encore par

un autre raifonnement que l'angle A doit
être égal à l'angle E . car l'angle E n'exifte
que parce que la ligne AD eft couchée
vers la gauche, qu'elle s'eft écartée de
la ligne perpendiculaire DC pour fe rapprocher de l'autre ligne A B , ainfi elle
eft autant éloignée de l'une qu'elle eft
rapprochée de l'autre , donc l'angle E
doit être égal à l'angle A ; ainfi l'angle A
réuni avec l'angle F vaudra autant que
l'angle E réuni avec l'angle F , c'eft-à-
dire , autant qu'un angle droit ; donc les
trois angles d'un triangle équivalent à deux
angles droits.

Ce que nous venons de démontrer
pour le cas particulier d'un triangle qui
a un angle droit, a lieu également pour
tout autre triangle , comme MNO ,
figure 62.

Car ayant tiré la ligne PR parallele à
MN, elle formera un angle Q égal à fon
angle alterne M, & un autre angle R égal
à fon correfpondant N (art. 42); mais
les angles O, Q, R font entr'eux la valeur

de deux angles droits (art. 21); donc les angles O, M, N, qui font les mêmes, font auffi deux angles droits.

Corollaire ou conféquence.

58. L'angle extérieur E , figure 63 , formé par le prolongement d'un côté BC , eft égal aux deux intérieurs oppofés A, B, pris enfemble ; puifque l'angle C , réuni avec l'angle E, ou avec les deux angles A & B, fait également la valeur de deux angles droits.

THÉORÈME II.

59. Deux triangles ABC, DEF, fig. 64, qui ont chacun deux côtés AB & DE , A C & D F , égaux refpectivement , & l'angle compris A d'un triangle égal à l'angle D de l'autre font égaux dans toutes leurs parties ; car fi l'on imagine un côté AB, placé fur le côté DE qui lui eft égal, les angles A & D étant égaux, le fecond côté A C concourra avec le

côté DF, & il ira jufte au bout ; donc les triangles feront entiérement d'accord. On démontreroit la même égalité dans le cas où l'on auroit deux angles & le côté compris dans chaque triangle, égaux refpectivement ; l'égalité feroit entiere.

THÉORÈME III.

60. Un triangle qui eft ifocele, c'eft-à-dire, qui a fes deux côtés A B, A C, figure 65, égaux entr'eux, a auffi les deux angles B & C égaux ; car fi l'on abaiffe une perpendiculaire AD , elle formera deux triangles ADB, ADC entiérement égaux. En effet, ils ont chacun un angle droit en D, un côté commun AD, & les côtés A B, A C égaux entr'eux ; fi l'on renverfoit un de ces triangles fur l'autre, la partie DC s'ajufteroit fur la partie D B, parce qu'elle fait le même angle avec AD, & le côté AC étant de même longueur que le côté AB, il aboutiroit à la même diftance du point A ; donc les deux trian-

gles concourroient dans toutes leurs parties, donc l'angle B eſt égal à l'angle C.

Corollaire.

Si le triangle eſt équilatéral, les trois angles feront égaux, & par conféquent de 60 degrés chacun; car en prenant les angles deux à deux on prouveroit l'égalité de chacun par le même raiſonnement que ci-deſſus.

D. Qu'eſt-ce que la Trigonométrie?

R. La Trigonométrie eſt la ſcience de trouver tous les côtés ou les angles d'un triangle rectiligne par la connoiſſance de trois de ſes parties, dont au moins une eſt un des côtés du même triangle : nous en donnerons bientôt la principale application, quand il s'agira de meſurer la hauteur d'une tour.

D. Qu'eſt-ce que le Nivellement?

R. C'eſt l'opération que l'on fait pour marquer deux points ſitués dans une ligne horizontale, ou à égale diſtance du centre de la terre. On fe fert pour cet effet ou de l'eau , ou du fil à plomb. L'eau fe met toujours de niveau comme tous les fluides , parce que toutes fes parties tendent également à fe rapprocher du centre de la terre par leur pefanteur ; l'eau ne peut être tranquille que quand toutes fes parties font à égales diftances du centre , c'eft-à-dire, de niveau. Si donc on a un tuyau recourbé rempli d'eau, on eft sûr qu'en vifant ou bornoyant par les furfaces de l'eau dans les deux branches , on aura une ligne horizontale ou une ligne de niveau.

Le fil à plomb fait auffi un très-bon niveau ; parce que la pefanteur qui fe dirige vers le centre de la terre fait néceffairement une ligne verticale ou perpendiculaire à l'horizon ; fi l'on a une équerre dont une branche foit placée verticalement par le moyen du fil à plomb, l'autre branche fera horizontale ou de niveau.

Des Triangles semblables.

61. D. Qu'est-ce que des *triangles sem-blables* ?

R. Deux triangles sont *semblables* sans être de même grandeur, quand ils sont formés par des lignes également incli-nées, c'est-à-dire, quand ils ont leurs an-gles égaux respectivement, ou quand les trois angles de l'un sont égaux aux trois angles de l'autre. Ainsi le triangle ABC, figure 66, & le triangle DEF, qui ont chacun un angle droit, le premier en B, le second en E, qui ont l'un & l'autre des angles de 45 degrés, l'un en C, l'autre en F, l'un en A & l'autre en D, c'est-à-dire, des lignes également incli-nées dans toutes leurs parties, ne peuvent avoir plus de ressemblance, si l'on en excepte l'égalité parfaite des côtés & des angles, qui seroit la plus parfaite de toutes les ressemblances.

THÉORÈME IV.

THÉORÈME IV.

62. Les triangles femblables ont leurs côtés proportionnels. Cette propofition eft la plus importante de toutes celles des élémens de Géométrie ; c'eft la clef de toutes les démonftrations, de toutes les vérités & des découvertes même de la plus fublime Géométrie ; c'eft un inftrument dont l'application eft continuelle, générale & univerfelle ; le calcul même des infiniment petits n'eft fondé que fur la proportion des triangles femblables.

Cette grande vérité eft pourtant bien fimple, fi l'on procede fyntétiquement, c'eft-à-dire, en allant du plus fimple au plus compofé. Soit un triangle A B C, figure 67, & un triangle ADE femblables, tous deux rectangles, le premier en D, le fecond en B, l'angle A eft commun à tous les deux, l'angle C de l'un eft égal à l'angle E de l'autre, la ligne BC étant parallele à la ligne ED.

G

Si AB est égal à BC, je dis que A D
fera égal à DE ; car AB n'est égal à BC
que par la maniere dont la ligne A C
s'incline ou se panche sur A B ; mais la
ligne A E s'incline de la même maniere
sur AD , puisque c'est la même ligne prolongée , donc ED fera aussi égal à AD ;
ainsi dans ce cas-là voilà deux triangles
semblables , qui ont également deux côtés
égaux entr'eux. C'est le cas le plus simple
de notre proposition , & je vais tout de
suite en faire une application intéressante
à la Géométrie pratique.

PROBLÈME X.

63. D. Comment peut - on mesurer la
largeur d'une riviere sans la passer, ou
la hauteur d'une tour sans y monter ?

R. C'est par le moyen de deux triangles semblables.

Soit R, figure 68 , la riviere qu'il faut
mesurer sans quitter le rivage B D , je
fais un triangle de bois ou de carton

DEF, dont les côtés E F & F D foient égaux, je place cet inftrument en **D**, enfuite en B, de maniere que fon côté FD foit toujours dirigé le long de la même ligne DFB, & que fes autres côtés foient dirigés fucceffivement vers un arbre **A** de l'autre côté de la riviere, par-là on formera dans la penfée & en l'air un grand triangle ABD femblable au petit; ils font femblables, puifque l'angle D eft commun à tous les deux, ainfi que l'angle droit **B**; ainfi l'on fera fûr que la largeur AB de la riviere eft égale à la longueur BD de l'efpace qu'il a fallu parcourir fur le rivage. Car, puifque les deux triangles ont des angles égaux, ou qu'ils font femblables dans leurs proportions, & que le petit triangle a fes deux côtés EF & FD, égaux entr'eux; le grand triangle ABD aura auffi fes deux côtés AB, BD parfaitement égaux, comme on l'a vu dans la démonftration précédente. Donc en mefurant fur le rivage la longueur BD, on fera sûr d'avoir la largeur BA de la riviere.

64. Soit T, figure 69, la tour dont il faut mesurer la hauteur AB avec un triangle EDF de bois ou de carton ; on s'éloignera jusqu'en D , de maniere que l'instrument triangulaire FED, dont les côtés DF & FE font égaux , ait ses côtés DF & DE dirigés au pied & au sommet de la tour, alors on fera sûr que la distance BD est égale à BA ou à la hauteur de la tour , & il ne s'agira plus que de mesurer la distance DB.

D. Comment peut-on encore trouver la hauteur d'une tour , par le moyen de l'ombre de la tour , sans instrument & sans le secours de la trigonométrie?

R. Il faut planter un piquet E F, qui soit perpendiculaire à l'horizon, & par conséquent parallele à la tour ; ensuite mesurez, 1º. l'ombre du piquet ; 2º. la hauteur du piquet , sans y comprendre la partie enfoncée dans la terre ; 3º. l'ombre de la tour : enfin, faite la proportion, l'ombre du piquet eft à la hauteur du piquet, comme l'ombre de la tour eft à fa hauteur. Les trois premiers termes de cette proportion étant connus, on trouvera facilement le quatrieme ; ainfi, fi le piquet a par exemple fix pieds hors de terre, & que fon ombre foit de trois pieds, & celle de la tour foit de 30 pieds, la hauteur de la tour fera alors de 60 pieds, parce que 3 eft à 6 , comme 30 eft à 60.

Il faut obferver que pour trouver l'ombre d'une tour que l'on fuppofe terminée en pointe, comme dans la figure 69, il ne fuffit pas de prendre la diftance BD, qui eft depuis la fin de l'ombre jufqu'à la tour. Il faut y ajouter la moitié BH du diametre de la tour, cela arrive quand l'on fe fert d'une aiguille ou d'une girouette placée dans le milieu de la largeur de la tour, comme GD.

65. Pour démontrer d'une maniere plus générale la propriété des triangles fem-

blables, qui eſt d'avoir leurs côtés proportionnels ; reprenons les triangles ABC
& ADE, figure 70, ſuppoſons que AB
ſoit égal à BD, ou que le côté AB du
petit triangle ſoit la moitié du côté AD
du grand triangle, & prouvons que le
côté AC ſera auſſi la moitié du côté AE,
& le côté BC la moitié du côté DE ;
c'eſt-à-dire, que la même proportion aura
lieu pour tous les côtés du grand triangle, comparés à tous les côtés du petit.

Tirons une ligne occulte CF, parallele à la ligne ABD ; elle formera un
triangle CEF qui ſera égal, dans toutes
ſes parties, au triangle ACB, car le côté
CF eſt parallele & égal à DB ; ainſi il
eſt égal à AB par l'hypotheſe ou la ſup-
poſition que nous avons faite que AB
étoit égal à BD. L'angle F eſt droit
auſſi-bien que l'angle B. Enfin, l'angle C
du triangle ECF eſt égal à l'angle A du
triangle CAB, puiſque ce ſont des angles correſpondans formés par deux paralleles CF, AD coupés par une ligne

AE (article 42); donc ces deux triangles CFE, ABC ayant deux angles, & le côté compris respectivement égaux, seront entièrement égaux (article 59); donc le côté AC de l'un est égal au côté CE de l'autre; c'est-à-dire, que le côté AE est coupé en deux parties égales aussi-bien que le côté AD; donc AC est la moitié de AE, & BC la moitié de DE, comme AB étoit la moité de AD.

66. On prouveroit de même que si AD étoit trois fois AB, le côté AE seroit trois fois le côté AC, & que ED seroit triple de BC, c'est-à-dire, qu'en général :

AB est à AD, comme AC est à AE. Par la même raison, AB est à AD, comme BC est à DE.

Ou AB est à BC, comme AD est à DE.

Ou enfin AB est à AC, comme AD est à AE.

Car ces différentes proportions se prouveroient par le même raisonnement.

De la mesure des surfaces,

67. D. Comment mesure-t-on les sur-
faces ; par exemple, une terre, un pré ?

R. La superficie, la surface, l'air, le
terrein que renferme une terre ne peut
se mesurer qu'avec une chose de même
espece, c'est-à-dire, avec une surface ;
ainsi, ayant pris un carré A, figure 71,
qui, dans les deux sens, a un pouce, &
dont la surface s'appelle un pouce carré ;
on s'en servira pour mesurer toute autre
figure, comme B, & si elle contient
quatre de ces carrés, on dira que c'est
une surface de quatre pouces carrés.

Au lieu d'un pouce carré, on peut
prendre un pied, une toise, une perche,
un arpent, pourvu que l'on fasse toujours un carré pour servir de commune
mesure.

On voit que le carré B a deux pouces
de longueur, & deux pouces de largeur,
& que cependant il contient quatre carrés,
parce qu'il est évident que deux carrés

fur la largeur & deux fur la longueur doivent en faire deux fois deux, c'eft-à-dire quatre.

68. Dans la figure 72, le côté CE & le côte CD étant fuppofés chacun de fix pouces, on voit que la furface contient 36 pouces, parce que fix multipliés par fix donnent trente-fix, & qu'il y a néceffairement fix rangées, dont chacune a fix pouces.

69. Ainfi, quand on a les côtés d'un rectangle, & qu'on véut évaluer la furface, il faut multiplier la longueur par la largeur.

Dix perches de longueur, fur dix de largeur, en donneront 100 de fuperficie. Ainfi, l'arpent de Paris a 10 perches en long & 10 perche en large, chaque perche étant de 18 pieds, & fa furface eft de 100 perches carrées. Pour les arpentages de forêts la perche eft de 22 pieds.

70. D. Mais fi la figure n'eft pas carrée; comment peut-on la mefurer?

R. Il faut la réduire à des carrés par le moyen des proportions fuivantes.

71. D. Qu'eſt-ce qu'un *Parallélograme* ?

R. Un *Parallélograme* eſt une figure à quatre côtés, dont les côtés oppoſés ſont paralleles & égaux, telle que la figure ABCD, figure 73.

Un Parallélograme étant coupé d'un angle à l'autre par la *diagonale* A C, il en réſulte deux triangles ABC, ACD qui ſont parfaitement égaux ; car le côté AC appartient à tous les deux, le côté BC du premier & le côté AD du ſecond ſont égaux, puiſque ce ſont les côtés oppoſés du Parallélograme, le côté AB du premier & le côté CD du ſecond ſont égaux par la même raiſon ; donc les trois côtés de l'un ſont égaux aux trois côtés de l'autre ; donc les triangles ſont entiérement égaux ; donc la diagonale d'un Parallélograme la coupe en deux triangles qui ſont égaux, quoique placés à contre ſens l'un de l'autre.

72. Si les deux triangles ſont équilatéraux, le Parallélograme aura ſes quatre côtés égaux entr'eux, & égaux à la dia-

gonale; c'eft ce qu'on appelle un *lofange*
EFGH, figure 74, les angles E & H font
de 60 degrés, les angles EFH, EGH en
ont 120, puifqu'ils comprennent chacun
deux angles d'un triangle équilatéral, ou
deux angles de 60 degrés.

73. D. Qu'eft-ce qu'un *Parallélograme
reĉangle?*

R. Un *Parallélograme reĉangle*, c'eft
celui dont les quatre angles font droits,
& il s'appelle carré, fi les quatre côtés
font égaux, comme dans la figure 75.

Les deux *diagonales* d'un carré le partagent en quatre triangles égaux; car les
quatre côtés & les quatre angles étant
égaux, les quatre parties du carré n'ont
entr'elles aucune différence.

74. Un carré AEBD, figure 76, & un
Parallélograme *obliqu'angle* ABCD font
égaux, s'ils ont tous les deux la même
bafe AD, & qu'ils foient entre les mêmes
paralleles EBC, ADF avec des points
communs A, B & D. Pour les comparer
facilement, on fera un fecond carré BCFD.

à côté de l'autre, & qui lui soit égal, & l'on aura quatre triangles rectangles parfaitement égaux, puisqu'ils font chacun la moitié d'un carré; de ces quatre triangles, les deux du milieu 2 & 3 forment ensemble le parallélograme obliqu'angle ABCD, tandis que les deux premiers 1 & 2 forment le carré; donc le parallélograme est égal à chacun des carrés qui font aussi formés de deux triangles.

Ce que nous venons de démontrer très-simplement pour un cas, peut se démontrer d'une maniere générale pour tous les cas, de la maniere suivante.

THÉORÈME. V.

75. Un Parallélograme obliqu'angle a la même surface qu'un rectangle, s'ils ont une même base & qu'ils soient entre les mêmes paralleles, c'est-à-dire, que le parallelograme obliqu'angle ABCD, figure 77, est égal en surface au parallélograme rectangle ABEF.

DÉMONSTRATION. Le triangle AFD est égal au triangle BEC ; car le côté AF du premier triangle AFD est égal au côté oppofé BE du même rectangle ; le côté FD du premier triangle AFD est égal au côté EC du fecond, car ils font compofés chacun de deux parties égales FE, DC, & d'une partie commune ED : enfin, l'angle F eft un angle droit auffi-bien que l'angle E ; donc ces deux triangles AFD, BEC font entiérement égaux.

Si de ces deux triangles vous ôtez la partie commune EGD, il reftera deux figures AFEG & DGBC qui feront encore égales. Si à ces deux reftes égaux vous ajoutez la partie AGB, vous aurez des fommes égales ; d'un côté le rectangle AFEB, & de l'autre, le parallélograme ADCB qui étoient donnés ; donc ces deux figures font égales.

Corollaire I.

76. Un triangle obliqu'angle eft la

moitié d'un Parallélograme rectangle,
s'ils ont la même bafe & qu'ils foient
entre les mêmes paralleles ; car le triangle
eft la moitié du Parallélograme obliqu'angle (art. 71), & celui-ci eft égal au
rectangle (75).

Corollaire II.

77. La furface d'un Parallélograme
obliqu'angle eft égale au produit de fa
bafe par la hauteur perpendiculaire ; car
cette furface eft égale à celle du rectangle, qui a la même bafe & la même
hauteur , & nous avons prouvé que la
furface du rectangle eft le produit de la
bafe par la hauteur (art. 69) ; donc celle
du Parallélograme eft auffi égale à ce même
produit.

THÉORÈME VI.

78. La furface d'un triangle eft le produit de fa bafe par la moitié de fa hauteur ; car le triangle eft la moitié du rec-

tangle : mais celui-ci eſt égal au produit
de ſa baſe par la hauteur toute entiere ;
donc pour le triangle, qui n'en eſt que
la moitié, il faut multiplier la baſe par
la moitié de la hauteur.

Cette meſure des triangles eſt la baſe
de toute la ſcience des arpenteurs ; car
lorſqu'ils veulent meſurer la ſurface d'un
terrein, quelqu'irrégulier qu'il puiſſe
être, ils le partagent en triangle, & meſurent ſéparément la ſurface de chaque
triangle, en multipliant la baſe par la
moitié de la hauteur.

Je ſuppoſe un pré ABCDE, fig. 78,
dont on veut avoir la ſurface en arpens,
dont chacun vaut cent perches carrées:
on tirera les lignes occultes EB & BD,
& le pré ſera partagé en trois triangles
EAB, EBD, DBC qu'on évaluera ſéparément, en multipliant la baſe de chacun, comme EB, par la moitié de ſa hauteur AFE, ou de la perpendiculaire abaiſſée ſur la baſe, & l'on aura la ſurface
totale ; on ajoutera enſemble les trois

produits, & l'on aura la mefure de tout le pré AEDCB.

THÉORÈME VII.

79. Un *trapefe* ABCD (figure 79), dont les côtés oppofés AB & CD font paralleles, eft égal au rectangle EFGH formé fur la ligne MI du milieu, & qui a la même hauteur EH ou FG.

Démonstration. Le rectangle EFGH exce de le trapeze par en haut, mais il rentre en dedans par en bas de la même quantité : en effet, le triangle EAM en dehors eft égal au triangle MCH en dedans, parce que le côté EM eft égal au côté MH, la ligne MI étant tirée dans le milieu de la hauteur ; & que les angles en M font égaux, étant oppofés par la pointe & les angles E & H des angles droits. Ces triangles EAM, MCH font donc égaux ; il en eft de même des triangles BFI, IGD ; donc le trapeze ABCD eft parfaitement égal au rectangle EFGH ;

donc

donc il eſt égal au produit de la ligne moyenne MI, par la hauteur EH ou FG du trapèze.

Nous nous ſervirons de cette propoſition pour meſurer la ſurface d'un *cône tronqué* (art. 99).

Corollaire.

80. Les triangles qui ont même hauteur ſont entr'eux comme leur baſe, figure 80 ; car en mettant à côté de la hauteur A B un triangle A B C & un triangle ABD, le produit de la moitié de AB, par la baſe BC, donnera la ſurface du triangle ABC le produit de la moitié de AB, par la double DC, donnera la ſurface double DAC ; ſi l'on multiplioit la même demi-hauteur par une baſe triple, ou par trois baſes, on auroit la ſurface d'un triangle triple, ou de trois triangles ; donc les ſurfaces des triangles croîtront dans le même rapport que les lignes que l'on multipliera ; donc les

H

triangles qui ont même hauteur font entr'eux comme leurs bases.

THÉORÈME VIII.

81. Le carré de l'hypothénuse est égal
aux carrés des deux côtés d'un triangle
rectangle.

Supposons le triangle rectangle ABC,
figure 81, dont les côtés A B & B C
soient égaux, après avoir fait sur AC le
grand carré ACED, sur le côté AB le
carré ABHG, & sur le côté BC le carré
BCFK; tirons des diagonales CD, AE,
BF, BG ; on aura quatre triangles dans
le grand carré, & deux dans chacun des
petits carrés; tous ces triangles font parfaitement égaux au triangle donné ABC.
En effet, le carré ACED est partagé en
quatre triangles égaux, comme nous
l'avons remarqué plus haut, article 73 :
mais un de ces triangles, qui est ALC,
est parfaitement égal à ABC ; car le côté
AC est commun.

L'angle L & l'angle B font droits ; les angles en A & en C font de 45 degrés dans chacun des triangles ; ainfi, les triangles ALC, BAC font entiérement égaux.

Il y a donc dans le grand carré quatre triangles , égaux chacun au triangle donné ABC ; à l'égard des deux petits carrés , ils font chacun compofés de deux triangles , qui font encore de la même grandeur ; par exemple , le triangle BFC, qui eft la moitié du carré BKFC , eft égal au triangle ABC ; car ils ont un côté commun BC ; ils font tous deux rectangles , leurs autres angles font tous quatre de 45 degrés ; ils font donc égaux. Donc les triangles font entiérement égaux (59). Il en eft de même de l'autre carré GHBA. Donc les petits carrés renferment quatre triangles auffi-bien que le grand ; donc ils font égaux au carré de l'hypothénufe AC.

On pourroit démontrer cette propofition plus généralement , fans fuppofer les

H 2

côtés AB & BC égaux entr'eux ; mais nous nous contentons ici des ïdées les plus fimples.

De la mefure des cercles.

THÉORÈME IX.

82. D. Comment fait-on pour mefurer la furface d'un cercle ?

R. La *furface d'un cercle* eft le produit de la moitié du rayon par la circonférence.

DÉMONSTRATION. Si l'on partage la circonférence en petites parties qui foient comme des lignes droites A B, B D, figure 82, & qu'on tire des rayons C A, CB, CD ; on aura une quantité de petits triangles C A B, C B D, dont chacun, comme CAB, fera le produit de fa bafe AB, par la moitié de fa hauteur CA. Si l'on couvre ainfi de triangles toute la furface de cercle, la fomme de toutes les bafes deviendra la circonférence entiere du cercle ; donc cette furface eft égale au produit de la moitié du rayon ou de la hauteur CA, par la circonférence entiere du cercle, ce qu'il falloit démontrer.

THÉORÈME X.

83. Les circonférence (ou les contours entiers des cercles) font entr'elles comme les rayons ; car fi vous avez plufieurs cercles concentriques, figure 83, & que vous les divifiez par des rayons CD, CE ; les triangles CAB, CDE feront femblables, & fi CD eft le double de CA, DE fera double de AB, & comme il en fera de même de tous les autres triangles qui pourroient couvrir la furface , la circonférence entiere DEFKD ferà double de la circonférence ABGHA.

On prouveroit de même que fi le rayon CD eft triple du rayon CA, la circonférence entiere DEFKD fera triple de la circonférence ABGHA ; donc en général les circonférences feront comme les rayons.

H 3

De la mesure des Angles qui ne sont pas au centre.

THÉORÈME XI.

84. D. Comment se mesurent les angles qui ne sont pas au centre d'un cercle ?

R. L'angle, à la circonférence, a pour mesure la moitié de l'arc sur lequel il insiste.

Soit l'angle A, figure 81, dont le sommet est sur la circonférence du cercle, & dont les côtés se terminent aussi à la circonférence en C & en D, je dis que cet angle A a pour mesure la moitié de l'arc CD compris entre ses côtés ; ensorte que si l'arc CD a 20 degrés, l'angle A en aura 10.

DÉMONSTRATION. L'on tirera du centre B un rayon BC, & l'on aura un triangle ABC qui sera isocelle, puisque AB est égal à BC, l'une & l'autre ligne étant des rayons du même cercle ; ainsi, l'an-

gle A & l'angle C font égaux (art. 60).
L'angle B eft un angle extérieur, qui eft
égal aux deux intérieurs, article 58; donc
il eft double de chacun ; donc l'angle A
ne fait que la moitié de l'angle B ; mais
l'angle B a pour mefure l'arc CD (art. 22);
donc l'angle A a pour mefure la moitié
de l'arc CD fur lequel il infifte.

L'angle, à la circonférence E, fig. 85 ,
quand il a pour bafe un diametre FG ,
eft toujours un angle droit ; car il infifte fur un demi-cercle GAF ; donc il eft
mefuré par un quart de cercle.

PROBLÈME XI.

86. Tirer une tangente à un cercle par
un point donné de pofition.

Soit C , fig. 86 , le centre du cercle AE,
auquel on veut tirer une tangente du
point B ; on joindra ces deux points par
une ligne CB ; on divifera cette ligne en
deux parties égales au point D , & du
centre D l'on décrira fur le diametre CB
un cercle Y ; il coupera le cercle donné

H 4

au point A , où doit paſſer la tangente
BA.

DÉMONSTRATION. Ayant tiré au point A
le rayon CA , il ſera perpendiculaire ſur
la ligne BA, l'angle A étant un angle
droit, puiſqu'il eſt appuyé ſur le diametre
CB , ou ſur une demi-circonférence BEC
(article 84) : or, l'angle A étant droit,
la ligne BA eſt néceſſairement tangente
au cercle dans le point A (article 48) ;
donc la conſtruction donne le moyen de
tirer par le point B une ligne qui eſt
véritablement tangente au cercle AE.

THÉORÈME XII.

87. D. Comment ſe meſure l'angle
du ſegment dans un cercle ?

R. L'angle du ſegment, ou l'angle formé
par la tangente AC & par la corde AB,
eſt meſuré par la moitié de l'arc AB qu'il
renferme.

DÉMONSTRATION. Un angle droit (figure 87), comme celui qui eſt formé

par CA & AD a pour mefure 30 degrés, ou la moitié du demi-cercle ABD; mais l'angle E eft mefuré par la moitié de l'arc BD (article 84); donc l'angle A, qui eft fon complément, ou ce qui lui manque pour aller à 90 degrés, eft mefuré par la moitié de ce qui refte pour faire le demi-cercle DBA; c'eft-à-dire, par la moitié de l'arc AB.

THÉORÈME XIII.

88. La perpendiculaire abaiffée fur l'hypothénufe d'un triangle rectangle eft moyenne proportionnelle entre les deux fegmens; c'eft-à-dire, que le premier fegment eft à la perpendiculaire, comme celle-ci eft au fecond fegment.

Si le triangle ABD, figure 88, eft rectangle en B, & que de l'angle B on abaiffe une perpendiculaire BC fur l'hypothénufe AD; cette perpendiculaire eft moyenne proportionnelle entre les fegmens AC & CD; c'eft-à-dire, que fi AC

eſt la moitié de BC, BC ſera auſſi la moitié de CD, ou en général AC ſera contenu dans CB autant de fois que CB dans
CD ; c'eſt-à-dire, que AC ſera à CB,
comme CB eſt à CD, ou que BC eſt
moyenne proportionnelle entre A C &
CD.

Pour démontrer cette propoſition,
nous la réduirons à celle des triangles
ſemblables qui ont leurs côtés proportionnels (art. 45).

La perpendiculaire B C fait néceſſairement deux triangles ſemblables BAC,
CBD, parce qu'elle diviſe l'angle B en
deux angles E & F qui ſont complément
l'un de l'autre, & qui ſont auſſi complément des angles A & D, l'angle E eſt
le complément de l'angle F, puiſqu'ils
font entr'eux l'angle droit : mais il eſt
auſſi complément de l'angle A, parce
que les trois angles d'un triangle ſont
égaux à deux angles droits (article 56).
Donc l'angle A eſt égal à l'angle F : par
la même raiſon l'angle E eſt égal à l'angle D.

Les triangles femblables ont leurs côtés proportionnels (article 2) : donc AC, qui eft le petit côté du petit triangle, eft à CB, qui eft le petit côté du grand triangle BCD, comme CB, qui eft le grand côté du premier, eft à CD, qui eft le grand côté du fecond ; ainfi BC eft moyenne proportionnelle entre AC & CD.

Corollaire.

Par la même raifon, le triangle ACB eft femblable au premier triangle total ABD, puifque l'angle A eft commun, & qu'ils font l'un & l'autre rectangles ; donc AD, hypothénufe du grand triangle ABD, eft à AB, hypothénufe du petit triangle ABC, comme AB, petit côté du grand triangle, eft à AC, petit côté du petit triangle ABC : ainfi, l'un des côtés d'un triangle rectangle eft moyen proportionnel entre l'hypothénufe & le fegment adjacent à ce côté.

Théorème XIV.

89. Si deux cordes BC, AD, fig. 89, se coupent dans un cercle ; le produit de leurs fegmens font égaux ; c'eft-à-dire, que le produit de AE par ED eft égal au produit de BE par EC ; en forte que fi le premier fegment AE de l'une eft la moitié du fegment EC de l'autre ligne ; le fecond fegment EB de celle-ci fera auffi la moitié du fegment ED de la premiere.

Démonstration. Les triangles AEC, BED font femblables, puifque l'angle A & l'angle B ont la même mefure ; étant appuyés fur le même arc CFD, & que les angles en E font égaux, étant oppo-fés par la pointe ; donc l'angle C & l'an-gle D font auffi égaux : ainfi, les côtés oppofés aux angles égaux font propor-tionnels (article 65) ; donc AE eft à EB, comme EC eft à ED ; mais on a vu dans le chapitre des proportion que fi quatre quantités font en proportion, le produit

de la premiere & de la derniere eſt égal
au produit des deux moyennes ; donc le
produit de AE, multiplié par ED eſt égal
au produit de EB multiplié par EC ;
c'eſt-à-dire, que les produits des ſegmens
des deux cordes ſont égaux entr'eux.

THÉORÈME XV.

90. Lorſque deux ſécantes ou deux
lignes, qui coupent un cercle, comme
les lignes MP, MQ (figure 90) ſont tirées d'un point M, juſqu'à la concavité
de la circonférence PQ, le produit d'une
ſécante MP, par ſon ſegment extérieur
MN, eſt égal au produit de l'autre ſécante MQ, par ſon ſegment extérieur
MO, ou, ce qui revient au même, une
ſécante MQ eſt à l'autre MP, comme le
ſegment extérieur MN de celle-ci, eſt
au ſegment extérieur MO de la premiere.

DÉMONSTRATION. Ayant tiré les lignes
occultes PO, QN, on aura deux triangles MQN, MPO qui ſont ſemblables,

quoique placés à contre fens l'un de
l'autre, 1°. ils ont l'angle M commun;
2°. l'angle Q de l'un eft égal à l'angle P
de l'autre, puifque ces deux angles ont également pour mefure la moitié de l'arc NO,
fur lequel ils infiftent (art. 84). Donc les
côtés de ces triangles font proportionnels (article 65) ; c'eft-à-dire, le grand
côté MQ de l'un eft au grand côté MP
de l'autre, comme le petit côté MN du
premier triangle MQN eft au petit côté
MO du fecond triangle MPO ; donc MQ
eft à MP, comme MN eft à MO : &
comme le produit des extrêmes d'une
proportion eft égal au produit des deux
termes moyens ; MP multiplié par MN
égale MQ multiplié par MO.

Des Solides.

91. D. Qu'entend - on par *Corps* ou
Solides ?

R. On entend par *Corps* ou *Solides*
toutes portions d'étendue qui ont les

trois dimenſions, c'eſt-à-dire , longueur, largeur & profondeur : ainſi , comme tous les corps ont les trois dimenſions, Solide ou corps ſont ſouvent employés comme ſynonimes.

D. Comment un Solide eſt-il terminé ?

R. Un Solide eſt terminé ou compris par un ou pluſieurs plans ou ſurfaces, comme une ſurface eſt terminée par une ou pluſieurs lignes. Les Solides réguliers ſont terminés par des ſurfaces régulieres.

De la meſure des Solides.

92. D. Comment les Solides ſe meſurent-ils ?

R. Les Solides ou les corps dans leſquels on conſidere longueur , largeur & profondeur, ſe toiſent ou ſe meſurent par le moyen d'un cube ou d'un dé. Ainſi, on appelle un pied-cube le Solide ou le corps qui a un pied de large , un pied de long ou un pied de haut, & qui eſt terminé par fix faces ou furfaces chacune d'un pied carré, figure 91.

Si l'on veut mefurer ou toifer un ouvrage de maçonnerie, ou de terraffe, la capacité, l'efpace ou le volume que contient un vafe ou une chambre, dans fes trois dimenfions, on l'exprime en pieds-cubes, c'eft-à-dire par la quantité de dés ou de cubes d'un pied qui pourroient y être contenus.

93. Suppofons que le rectangle AB, figure 92, contienne quatre pieds carrés en furface, & qu'il foit la bafe d'une muraille qui s'éleve de fix pieds, il y aura en hauteur fix cubes d'un pied fur chacun des quatre carrés; c'eft-à-dire, qu'il y aura vingt-quatre cubes dans la totalité de la muraille, & l'on dira qu'elle a 24 pieds cubes de folidité, ou 24 pieds cubes de maçonnerie.

Quand même la bafe de la muraille n'auroit pas la figure rectangle que nous lui fuppofons; mais une autre figure équivalente à une furface de 4 pieds carrés,

carrés, l'opération feroit la même, le réfultat feroit égal; ce feroit toujours une furface de quatre pieds répétée en hauteur fur une efpace de fix pieds.

Ainfi, pour toifer un Solide, on cherche d'abord la furface de la bafe en pieds carrés, & on la multiplie par la hauteur, comme dans l'exemple précédent; la bafe, qui eft quatre pieds carrés, fe multiplie par la hauteur qui eft de fix pieds.

94. D. Qu'entend - on par *Parallélipipede?*

R. On appelle *Parallélipipede* tout Solide terminé par des furfaces rectangles, & dont par conféquent les faces oppofées font égales & paralleles; par exemple, une poutre bien écarrie ou une muraille, telle que nous venons de la fuppofer.

D. Qu'eft-ce qu'un *Prifme?*

R. Un *Prifme* eft un Solide dont deux faces oppofées font paralleles & égales, & terminent toutes les autres; ainfi, le

I

cube & le parallélipipede font des Prifmes.

Mais le Prifme triangulaire (figure 93) eft le plus connu, parce qu'il fert dans les expériences dès couleurs, ce Prifme eft terminé par deux triangles égaux & par trois faces rectangles.

95. D. Qu'eft-ce qu'un *Cylindre?*

R. Un *Cylindre* eft un Solide terminé par deux cercles égaux & paralleles ; c'eft ce qu'on appelle communément une *Colonne* ; ainfi, le Cylindre eft un Prifme dont les bafes font des cercles.

D. Comment connoit-on la folidité d'un Cylindre ?

R. Pour connoître la folidité d'un Cylindre, on peut le concevoir comme formé d'une infinité de cercles placés les uns fur les autres, & dont le nombre eft indiqué par la hauteur totale du Cylindre ; le nombre de ces cercles ou de ces élémens du Cylindre eft égal au nombre des points qu'on peut imaginer dans toute la ligne de la hauteur. Suppofons, par exemple, que l'on forme un

Cylindre avec une pille de dix écus, la maffe totale de ce Cylindre fera celle de dix écus, ou le produit de la bafe, par la hauteur, qui eft 10 ; fi la bafe avoit quatre pieds de furface, & que la hauteur fût de fix pieds, la folidité feroit de vingt-quatre pieds ; car elle feroit la même que celle de la muraille dont nous avons parlé en commençant, puifque la bafe circulaire auroit la même furface que la bafe de la muraille, & que cette furface feroit répétée en hauteur le même nombre de fois.

96. D. Qu'eft-ce qu'une *Pyramide ?*

R. Une *Pyramide* eft un Solide terminé en pointe, ou formé par des triangles qui aboutiffent au même point, comme CD, figure 94, où l'on voit quatre triangles appuyés fur les quatre côtés d'un carré D, & terminés en un même point C, qui eft *le fommet* de la Pyramide.

D. Quelle eft la maniere de cuber ou de toifer une Pyramide.

R. Pour trouver la maniere de cuber

ou de toifer une Pyramide, nous confidérons un cube A, figure 91, dans lequel il y a fix faces que nous fuppofons
être les bafes de fix Pyramides, dont le
fommet commun feroit dans le milieu
ou dans le centre C du cube, & qui feroient formées par huit lignes menées aux
huit angles du cube.

Chacune de ces fix Pyramides eft donc
la fixieme partie du cube; mais elle n'ont
chacune que la moitié de la hauteur du
cube; ainfi, leur folidité eft égale au produit de leur bafe par la fixieme partie de
la hauteur du cube, ou par le tiers de la
hauteur de chaque Pyramide.

97. D. Qu'eft-ce qu'un *Cône* ?

R. Le *Cône* SEC, figure 95, que l'on
compare vulgairement à un pain de fucre,
eft une Pyramide à bafe circulaire, ou
un Solide formé par des lignes SE, SC
qui vont d'un même point à toute la
circonférence d'un cercle EDC; & comme
toute Pyramide eft le produit de fa bafe
par le tiers de fa hauteur; on trouve auffi

la folidité d'un Cône en multipliant la furface du cercle de fa bafe par le tiers de fa hauteur, ou de la ligne perpendiculaire qui va depuis le fommet S de la pointe du Cône au centre F de fa bafe ; le cylindre eft le produit de la bafe par la hauteur entiere (95) ; ainfi le Cône eft le tiers du Cylindre, de même bafe & de même hauteur.

98. D. Comment peut-on mefurer la furface du Cône ?

R. La furface du Cône SEC peut être confidérée comme couverte d'une infinité de petits triangles SAB, qui ont tous leur fommet S à la pointe du Cône, & dont les bafes font de petites portions, comme AB, de la circonférence inférieure du Cône : dans chacun de ces triangles la furface eft le produit de la hauteur SA, par la moitié de la bafe AB ; donc la fomme totale, ou la furface entiere du Cône, eft le produit de fon côté par la moitié de la circonférence de fa bafe.

99. La furface d'un Cône tronqé CDEF,

figure 96, ou d'une portion de Cône, peut être confidérée comme compofée d'une infinité de trapezes GHIK, dont les côtés KG & IH foient fuppofés infiniment petits, & iroient aboutir au fommet du Cône, & dont la furface eft égale au produit de la hauteur GK ou HI par la ligne moyenne LM (art. 79), la fomme de toutes ces lignes moyennes forme tout autour du Cône tronqué une circonférence parallele à celles des deux bafes ; ainfi, la furface d'un Cône tronqué eft égale au produit du côté du Cône par fa circonférence moyenne. Cette propofition nous fervira pour trouver la furface d'une fphere (101.).

Maniere de mefurer une Sphere.

100. D. Comment connoît-on la folidité d'une Sphere, d'un globe ou d'une boule ?

R. Pour connoître la folidité d'une Sphere, il faut commencer par en chercher la furface, après cela nous imaginerons que la folidité eft formée par une infinité de petites Pyramides qui vont du centre à la circonférence, dont les hauteurs font toujours le rayon de la Sphere, & dont les bafes font des portions de fa furface. Chacune de ces Pyramides eft le produit de fa bafe par le tiers de fa hauteur, ou le tiers du rayon de la Sphere (96). Ainfi, la furface totale fe trouvera en multipliant la furface de la Sphere par le tiers du rayon, ou par la fixieme partie du diametre.

101. Mais la furface de la Sphere eft le plus difficile à mefurer; pour y parvenir, nous la confidérons comme formée ou engendrée par le mouvement d'un demi-cercle ABDE (figure 97) qui tourne autour de fon diametre ACE, & qui, par cette révolution, forme la trace d'une furface fphérique.

Chaque point L de la circonférence décrira par ce mouvement un cercle, dont M eft le centre, & LM le rayon; la petite ligne BD décrira une portion de la furface d'un cône, & cette furface eſt égale au produit de la ligne BD, qui eſt le côté du cône tronqué par la circonférence toute entière décrite par le point L ; c'eſt-à-dire, par la circonférence moyenne entre celle de la baſe ſupérieure, dont BG eſt le rayon, & celle de la baſe inférieur décrite par le rayon DH.

Mais comme les circonférences décrites par des points, comme L, varient dans toute la circonférence, il faut trouver le moyen de leur en ſubſtituer une qui ſoit la même pour tous les points. Nous allons donc faire voir que le produit de BD par la circonférence, dont LM eſt le rayon, eſt le même que le produit de la petite hauteur BF par la circonférence, dont CL eſt le rayon ; c'eſt-à-dire, par la circonférence même de la Sphere ou du cercle générateur. En effet, le petit triangle BFD eſt ſemblable au triangle CML. D'abord ils ſont rectangles tous les deux ; ſecondement, l'angle D du petit triangle eſt égal à l'angle C de l'autre triangle CLA ; car, nous avons démontré (art. 87) que l'angle du fegment formé par une tangente TBLD eft mefuré par la moitié de l'arc LAK qu'il renferme , ou par l'arc LA , comme l'angle au centre C, qui a pour mefure LA ; donc les angles font égaux dans les triangles BFD , CLM. Or , quand deux triangles font femblables , ils ont leurs côtés proportionnels (art. 65). Donc BF eft à BD, comme LM eft à LC. On a vu à l'article des proportions que le produit des extrêmes eft égal au produit des moyens ; donc le produit de BF par LC eft égal , & peut être fubftitué à celui de BD par LM : & comme les circonférences font dans le même rapport que les rayons (art. 83), la circonférence décrite fur LC, multipliée par la petite hauteur BF , eft égale à la circonférence de LM, multipliée par la petite ligne BD ; c'eft la valeur de la petite furface conique décrite par le mouvement de la ligne BD , & que nous confidé-

rons comme faifant une partie ou un élé-
ment de la furface de la Sphere.

Si l'on conçoit ainfi toutes les autres
portions du demi-cercle ABDE, comme
décrivant de femblables furfaces coniques,
leur affemblage total formera la furface
entiere de la Sphere, & les hauteurs,
comme BF ou GH, formeront le diametre entier AE; ainfi, toutes ces hauteurs devront être multipliées également
par la circonférence décrite fur CL, ou
la circonférence de la Sphere, pour for-
mer la fomme de toutes les petites furfaces. Donc, pour avoir la furface d'une
Sphere, il fuffit de multiplier fon diametre par fa circonférence.

102. Pour avoir la furface d'un cercle,
on a vu qu'il falloit multiplier le quart feulement du diametre par la circonférence
(art. 82); donc la furface d'une Sphere
eft quatre fois plus grande que celle de
fon cercle; elle eft égale à quatre grands
cercles du même diametre.

103. On a vu ci-deffus que pour avoir

la folidité de la Sphere, il faut multiplier la furface par la fixieme partie du diametre (art. 100). Donc en multipliant quatre fois la furface du cercle par la fixieme partie du diametre, on aura la folidité de la Sphere; c'eft-à-dire, qu'elle eft quatre fixiemes ou deux tiers du produit de fon diametre par la furface de fon cercle.

Par exemple, la circonférence de la terre eft de 9000 lieues, chacune de 2283 toifes; fon diametre eft de 2865 lieues; donc la furface de fon cercle eft le produit de 9000 par le quart de 2865, ou 6,446,250 lieues carrées, qui, multipliées par deux tiers du diametre ou par 1910, donnent fa folidité égale à 12,312,337,500 lieues cubiques.

104. Le cylindre eft le produit du cercle de fa bafe par la hauteur entiere (art. 95); donc la Sphere eft les deux tiers d'un cylindre qui a la même hauteur & le même diametre. Cette belle propofition, trouvée par Archimède, lui fit tant de

plaifir, qu'il voulut qu'on gravât fur fon tombeau une Sphere infcrite dans un cylindre.

Le cône eft le tiers du cylindre (article 97). Ainfi, quand on conçoit enfemble un cône, un cylindre & une fphere (figure 98) fur la même hauteur & le même diametre, ils font entr'eux la progreffion 1, 2 & 3; fi le cône vaut un pied cube, la fphere en vaut deux, & le cylindre trois. Telle eft la propofition la plus curieufe de toute la ftéréométrie ou mefure des folides.

LEÇONS ÉLÉMENTAIRES

DE MATHÉMATIQUES.

LIVRE TROISIEME.

ELÉMENS DE MÉCANIQUE.

Demande. QU'ENTEND-ON par Mécanique ?

Réponse. La Mécanique est la science du mouvement & des forces qui le produisent. Elle enseigne à opérer de grands effets avec les plus foibles moyens. C'est

*

par elle qu'Archimede difoit : *Da mihi puncſum & terram movebo ;* donnez-moi un point d'appui , & je fouleverai la terre.

C'eſt principalement en fuppléant par la vîteſſe à ce qui manque dans une maſſe, & en changeant la direction d'une force que le Mécanicien produit tous fes effets. Ainſi , nous allons établir deux principes fondamentaux de la Mécanique; l'un fur la vîteſſe, l'autre fur les directions ; & comme le cas de l'équilibre, entre pluſieurs forces, eſt le cas le plus ſimple de tous, & qu'il fert de fondement à tous les autres. Nous commencerons par l'équilibre.

DE L'ÉQUILIBRE.

D. Quel eſt le principe fondamental de l'Equilibre ?

R. Le voici. Un poids d'une livre avec deux degrés de vîteſſe, ou un poids de deux livres, avec un feul degré de vî-teſſe , ont la même quantité de mouvement, la même force, & font équilibre entr'eux. La même chose auroit lieu dans les autres cas où la vîteffe compenferoit la maffe; c'eft-à-dire, que trois livres de poids, avec quatre degrés de vîteffe, produiroient le même effet que quatre livres avec trois degrés de vîteffe, & en général il y a équilibre & égalité de mouvement, quand les maffes font en raifon réciproque ou inverfe des vîteffes.

Ce principe eft prouvé par l'expérience; mais on peut le prouver auffi par le raifonnement. Suppofons un corps de deux livres avec un degré de vîteffe, & qu'on l'oppofe à un corps d'une livre, qui a deux degrés de vîteffe; on pourra regarder la vîteffe de celui-ci comme compofée de deux vîteffes d'un degré chacune, égales par conféquent à la vîteffe du premier, & la maffe de celui qui eft de deux livres, comme compofée de deux maffes égales, ayant chacun la même vîteffe d'un degré. Par ce moyen l'on trouvera de part & d'autre deux maſſes d'une livre, & deux vîteſſes d'un degré. Il y a donc encore égalité, & dès-lors il n'y a point de raiſon qui puiſſe troubler l'équilibre ou l'égalité de mouvement entre les deux corps que nous avons ſuppoſés.

D. Quel eſt le ſecond principe général du mouvement?

R. Le ſecond principe de Mecanique eſt celui de la décompoſition des forces. Une force produit le même effet que deux autres, quand elle s'exerce le long de la diagonale d'un parallélogramme, & que les deux autres forces s'exercent le long des côtés du même parallélo-gramme.

Suppoſons trois puiſſances A, B, C, qui agiſſent enſemble ſur un point P, en ſorte que leurs forces ſoient égales, & que leurs directions faſſent trois angles égaux de 120 degrés chacun; il y aura évidemment équilibre; car il n'y a aucune raiſon qui puiſſe faire prévaloir une des trois puiſſance. Or, dans ce cas,

ſi

fi l'on acheve le lofange ou rhombe BPCD,
dont la diagonale PD eft égale aux côtés
PB & PC (article 71), & égale auffi
à PA ; l'on verra que la force PD égale
& oppofée à la force PA peut feule lui
faire équilibre ; donc cette force PD équivaut aux forces PB & PC ; donc dans
ce cas-là la force exprimée par une diagonale PD équivaut aux deux forces enfemble qu'expriment les côtés PB &
PC ; donc à la place des forces PB &
PC, on peut fubftituer la force PD,
qui eft repréfentée par la diagonale du
parallélogramme.

THÉORÈME.

Un corps étant pouffé par deux puiffances à la fois, fuivant deux directions
différentes, décrira une diagonale.

Soit un corps C pouffé fuivant la ligne
CB & fuivant la ligne CA par deux
puiffances, dont l'une lui feroit parcourir la ligne CB en une feconde de temps
fi elle agiffoit feule, & l'autre lui feroit

K

parcourir la ligne CA ; le corps parcourera la ligne CD dans la même feconde
de temps ; c'eft-à-dire, la diagonale d'un
parallélogramme A C B D formé fur les
mêmes lignes CB & CA.

DÉMONSTRATION.

En effet, puifque la premiere puiffance eft capable de faire avancer le corps
vers le haut de la figure d'une quantité
CB, & que la feconde eft capable de
le faire avancer fur le côté ou fur la
gauche de la quantité CA, & que ces
deux puiffances ne font point oppofées,
le corps obéira à toutes deux ; il avan-
cera également & vers le haut & vers
la gauche : or, le point D eft le feul qui
fatisfaffe à ces deux conditions, qui foit
autant en avant que le point B, & autant à gauche que le point A ; donc le
point D eft celui où le corps doit arriver.

Cette propofition fait voir comme la
premiere qu'une puiffance qui agiroit di-

rectement de C en D' équivaut à deux autres, ou peut se décompofer en deux autres fuivant CA & CB, puifqu'elle produit le même effet.

DES MACHINES SIMPLES.

D. Quels font les principaux moyens de la Mécanique ?

R. Tout ce qu'il y a de plus compliqué & de plus curieux dans la Mécanique, tout ce que les efforts des hommes ont opéré de plus extraordinaire pour multiplier la puiffance humaine fe réduit au levier & au plan incliné, & ces deux Machines primitives fourniffent immédiatement, l'une la poulie & le treuil, l'autre le vis & le coin. On y peut ajouter les roues dentées, & c'eft ce qui conftitue les fept Machines fimples.

DU LEVIER.

D. Qu'eft-ce que le Levier ?

R. C'eft une barre ou verge de bois ou de fer inflexible foutenue par un feul

point ou appui dont on se sert pour élever des poids. Le Levier est la premiere
des Machines simples, figure premiere.

D. Que faut-il considérer dans le Levier ?

R. Trois choses ; savoir, le poids qu'il
faut élever ou soutenir ; la puissance ,
par le moyen de laquelle on doit l'élever ou le soutenir , & l'appui sur lequel
le Levier est soutenu ; cet appui reste
toujours fixe.

Soit une barre ou ligne AB soutenue
par un point d'appui B , & chargée de
deux poids A & B , elle sera en équilibre,
si le poids A étant le double du poids
B , celui-ci se trouve à une distance double PA du premier. Pour le prouver, il
suffit de faire incliner le Levier d'une
petite quantité , ou de lui faire faire un
petit balancement, une petite oscillation
en le menant dans la position CPD , on
verra que le corps B parcourera un espace BD double de l'espace AC que
parcourera le corps A ; car les triangles

CPA, BPD étant femblables, les côtés font proportionnels, & PB étant double de PA, DB doit être double de A C. Ainfi le corps B aura une vîteffe double, tandis que le corps A a une maffe double de celle du corps B, dont la vîteffe compenfera la maffe, & que le produit de la maffe, par la vîteffe, reftera le même ; il y aura la même quantité de mouvement ; ainfi les deux corps feront en équilibre ; donc une puiffance B pourra foutenir une réfiftance double en A, pourvu qu'elle foit appliquée à un bras de Levier PB double du bras de Levier PA.

Auffi n'y a-t-il point de Machines plus univerfellement employées, & dont l'ufage fe préfente plus naturellement, & comme par inftinct à tous les hommes. Si l'on veut foulever un bloc de pierre, on engage une barre par-deffous, on place un point d'appui tout près de fon extrêmité, & l'on éprouve alors tout l'avantage du Levier.

On peut auſſi appuyer le bout du Levier à terre ſous le bloc dont il s'agit, & ſoulever l'autre extrêmité ; c'eſt alors un Levier de la ſeconde eſpece, comme ſi le point d'appui étant en P , figure 2, une main placée en B vouloit ſoulever un poids A placé entre la puiſſance B & le point d'appui P. Si la puiſſance eſt quatre fois plus loin du point d'appui que le poids A , elle pourra ſoutenir quatre livres avec une livre d'efforts.

La vîteſſe compenſe la maſſe, & ſupplée à la force : or, la vîteſſe du point B eſt quatre fois plus grande que la vîteſſe du point A ; donc la puiſſance a quatre fois plus d'avantage que le poids.

En général dans un Levier il y a équilibre quand la puiſſance eſt à la réſiſtance en raiſon inverſe de leurs diſtances au point d'appui.

D. Qu'eſt-ce que la Balance ?

R. C'eſt un Levier qui ſert à connoître la peſanteur d'un corps en le comparant avec un autre ; on met les deux corps dans deux baſſins à égales diſtances du point d'appui. Pour éprouver ou vé-rifier une Balance , il faut changer les corps d'un baſſin à un autre. Si l'équilibre continue, c'eſt une preuve que les deux baſſins ſont bien égaux & à des diſtances égales de la ſuſpenſion.

D. Qu'eſt-ce que la Romaine ou le Peſon?

R. C'eſt un Levier qui ſert comme la Balance à connoître la peſanteur des corps par rapport à un poids , en mettant un des deux poids à une diſtance différente par rapport à un point d'appui.

DE LA POULIE.

D. Qu'eſt-ce que la Poulie?

R. La Poulie eſt une eſpece de Le-vier qui , tantôt a l'avantage de changer la direction de la puiſſance , & tantôt celui d'en augmenter l'effet.

Elle conſiſte en une petite roue qui eſt creuſée dans ſa circonférence, & qui

K 4

tourne autour d'un clou ou axe placé à son centre. On s'en fert, pour élever des poids, par le moyen d'une corde qu'on place dans la rainure de la circonférence & qui la fait tourner.

L'axe fur lequel la Poulie tourne fe nomme goujon ou boulon, & la piece fixe de bois ou de fer dans laquelle on le met eft la chape.

Une Poulie fimple A D B fufpendue en G, figure 3, & fur laquelle paffe une corde PADBM repréfente un Levier de la premiere efpece ACB, dans lequel le poids P eft fuppofé appliqué en A, & la main M comme fi elle étoit appliquée en B; le centre de la Poulie eft le point d'appui. Ainfi, la diftance de la puiffance & du poids eft la même, par rapport au point d'appui, & il faut pour foutenir le poids une puiffance égale à ce même poids.

Mais dans la Poulie mouflée EFH figure 4, la corde eft fixée en I, le poids R monte avec la Poulie, la puiffance

K tire la corde comme fi elle étoit appliquée en H , le poids réfifte comme s'il étoit appliqué au centre L de la Poulie , & le point fixe I repréfente un point d'appui qui feroit en E ; ainfi la diftance de la puiffance au point d'appui eft double de celle du poids ; donc la puiffance, avec une livre de force, peut foutenir un poids de deux livres. C'eft un Levier de la feconde efpece dont un bras EH eft double de l'autre bras EL, auquel la réfiftance eft appliquée.

DU TREUIL.

D. Qu'eft-ce que le Treuil ?

R. Le Treuil eft un Cylindre mobile fur deux pivots, autour duquel fe roule la corde qui foutient un poids , & qu'on fait tourner par le moyen d'un Levier.

Soit C le centre du Cylindre , fig. 5 , dont CA eft le rayon , AP la corde qui foutient le poids P , C M le Levier, à l'extrêmité duquel agit la puiffance M ; fi ce Levier CM eft quatre fois le rayon AC du Treuil, la puiſſance ſoutiendra quatre livres avec un effort d'une livre ; car la diſtance du poids au point d'appui eſt AC, tandis que la diſtance de la puiſſance eſt CM : donc le bras du Levier eſt quadruple du côté de la puiſſance ; la puiſſance parcourt un cercle quatre fois plus grand ; la vîteſſe de la puiſſance eſt quadruple de celle du poids, & ſa force augmente dans le même rapport. En général, dans le cas de l'équilibre la puiſſance eſt au poids, comme le rayon du Cylindre du Treuil eſt à la longueur du Levier avec lequel on le fait tourner.

DU PLAN INCLINÉ.

D. Qu'eſt-ce que le Plan incliné?

R. Le Plan incliné eſt une machine ſimple d'un uſage immenſe dans la Mécanique & dans les Arts. C'eſt un Plan quelconque qui fait un angle oblique avec un Plan horizontal ; c'eſt-à-dire, avec un Plan de niveau, ou dont toutes les parties ſont également éloignées du centre de la terre.

Soit un poids P, figure 6, foutenu par une main M fur un Plan incliné AB, dont la hauteur BC foit la moitié de la longueur AB ; une force d'une livre foutiendra un poids de deux livres fur ce Plan incliné.

DÉMONSTRATION. Ayant tiré une perpendiculaire D F du centre du poids, jufqu'au point du contact F, & une ligne verticale DE perpendiculaire à l'horizon, ou dans la direction de la pefanteur, on achevera le parallélogramme DFEG; on confidérera la pefanteur du poids fuivant la direction DE, comme une force équivalente à deux forces, dont l'une agiroit fuivant le côté DF, & l'autre fuivant le côté D G, & qui, agiffant enfemble, produiroient le même effet que la force DE, fuivant le fecond principe expliqué ci-deffus. De ces deux forces, il y en a une DF qui eft perpendiculaire au Plan AB; elle s'exerce en entier contre ce Plan; elle eft épuifée & détruite par la réfiftance du Plan. Mais la feconde

force DG s'exerce contre la puissance M ;
elle lui est directement opposée ; la puissance M est obligée de la soutenir ; mais
c'est le seul effort qu'elle ait à faire.

Ainsi, pour connoître l'avantage de la
puissance dans un Plan incliné, il faut
connoître la valeur de la ligne GD par
rapport à la ligne DE. Le triangle GDE
est semblable au grand triangle ABC du
Plan incliné ; car ils font tous deux rectangles, l'un en G, l'autre en C : de
plus, l'angle GDE est égal à l'angle B,
puisque la ligne GD est parallele à la
ligne AB, & que la ligne verticale DE
est parallele à la ligne verticale BC : or,
deux lignes paralleles entr'elles avec deux
autres lignes, aussi paralleles entr'elles,
ne peuvent faire que des angles égaux ;
ainsi, les triangles GDE, ABC font semblables. Donc le petit côté BC de l'un
étant la moitié du grand côté AB, le
petit côté DG de l'autre est aussi la moitié
du grand côté DE ; donc la force exprimée par DG, & que la main doit soutenir,

n'eſt ainſi que la moitié de la peſanteur totale repréſentée par DE ; donc la main M n'aura que la moitié du poids à ſoutenir.

Si la hauteur BC du plan n'étoit que la vingtieme partie de ſa longueur AB, la force n'auroit à ſoutenir que la vingtieme partie du poids.

On peut démontrer auſſi l'effet du Plan incliné, en conſidérant les vîteſſes du corps & de la puiſſance, car elles ſont néceſſairement en raiſon des forces. Or, pour faire monter le corps depuis A juſqu'en B, il faut que la puiſſance parcoure toute la longueur du Plan AB, & le corps n'aura monté ou ne ſera élevé au-deſſus de la ligne horizontale AC que de la quantité de la hauteur BC du Plan ; donc l'eſpace parcouru par la puiſſance eſt double de l'eſpace parcouru par le poids en hauteur, ou contre l'effet de la gravité, ce qui fait que la puiſſance a un avantage double, & peut avec une livre de force ſoutenir deux livres de poids.

En général, dans le cas de l'équilibre
sur un Plan incliné, la puissance est au
poids comme la hauteur du Plan est à sa
longueur.

D. Qu'est-ce que le centre de gravité
d'un corps?

R. Le centre de gravité est le point
autour duquel les différentes parties du
corps pesent également, & par lequel il
faudroit le suspendre pour qu'il restât en
repos dans tous les sens; tel est le centre
D du globle, figure 6; si le corps est hé-
térogène ou composé de parties différemment pesantes, le centre de gravité
ne sera pas le centre de figure ou le centre
de l'espace que le corps occupera.

DE LA VIS.

D. Qu'est-ce que la Vis?

R. C'est une Machine simple dont on
se sert principalement pour presser ou
étendre les corps fortement, & quelquefois aussi pour élever des poids ou fardeaux.

La Vis est un Cylindre droit creusé en
forme de spirale.

On appelle Vis mâle celle dont la surface creusée est convexe ; celle qui est concave est appellée Vis femelle , ou plus communément écrou. On joint toujours la Vis mâle & la Vis femelle , quand on veut exécuter quelque mouvement avec cette Machine ; c'est-à-dire, toutes les fois que l'on veut s'en servir , comme d'une Machine simple ou d'une puissance mécanique. La cloison mince qui sépare les tours de la gorge de la Vis , est appellé le filet de la Vis, & la distance qu'il y a d'un filet à l'autre se nomme *pas de Vis.* Ainsi la Vis est une espece de plan incliné que l'on fait tourner sous un poids pour le soulever. Tandis que la Vis, figure 7, tourne autour de l'axe CP & fait une révolution entiere , l'Ecrou ou la Vis femelle, c'est-à-dire , le creux dans lequel tourne la Vis, & auquel le poids ou la résistance s'applique, est obligé de monter le long du plan incliné AB de la quantité BD , qui est la hauteur du pas ou du filet. Si la hauteur BD est vingt fois plus petite que la circonférence entiere du Cylindre de la Vis, une force d'une livre faisant tourner la Vis, suffira pour élever ou du moins pour soutenir un poids de vingt livres, comme dans le Plan incliné que nous avons expliqué. Ainsi, dans cette Machine la puissance est au poids, comme le pas de la Vis est à la circonférence toute entiere.

On rend l'effet de la Vis encore plus considérable si on la fait tourner avec un Levier CM; car alors la main M est appliquée à une distance CM de l'axe de la Vis plus grande que le rayon C E de la Vis. Si C M est quadruple de CE, la puissance aura encore quatre fois plus d'avantage; & puisque la Vis donnoit 20 d'avantage, & que quatre fois 20 font 80, une puissance d'une livre équivaudra, par le moyen de cette Machine, à une puissance de 80 livres.

DU COIN.

D. Qu'est-ce que le Coin?

R.

R. Le Coin dont on se sert pour fendre le bois & pour d'autres opérations de la Mécanique, est un double Plan incliné en forme de prisme triangulaire. Si l'on frappe sur la tête T du Coin, figure 8, pour l'enfoncer dans le bois CD, l'espace que parcourront la puissance & le Coin sera la hauteur CT du Coin, & l'espace que parcourra le poids, la résistance ou le bois écarté à droite ou à gauche sera la moitié de la largeur AB de chaque côté ; donc si CT est dix fois plus grand que AB, la puissance aura un avantage égal à dix fois sa propre force ; elle produira un effet dix fois plus grand que celui qu'elle auroit pu produire sans le secours du Coin.

DES ROUES DENTÉES.

D. Qu'est-ce que les Roues dentées?

R. Une Roue qui doit tourner par le

L *

moyen d'un autre corps eft garnie de dents fur fa circonférence, & ces dents font prifes ou par les dents d'une autre Roue, ou par les aîles d'un pignon, qui n'eft autre chofe qu'une Roue très - petite.

Soit une Roue ABC garnie de dents, & une Roue plus petite P dont les dents engrennent dans celles de la Roue pour la faire tourner. Si la petite Roue ou le Pignon eft quatre fois plus petit que la Roue, il aura quatre fois moins de dents; il fera quatre tours pendant que la Roue en fera un ; car chaque dent ou chaque aile du Pignon fait avancer une dent de la Roue.

Si le poids R qu'il s'agit d'élever eft attaché à une corde NR roulée fur un cylindre NML, quatre fois plus petit que la Roue, la puiffance appliquée à la circonférence B de la Roue n'aura befoin que d'un quart de force, ayant un bras de levier quatre fois plus grand que le bras de levier DN auquel eft appliquée la réfiftance.

Pour augmenter l'effet de cette machine, on applique au Pignon P une manivelle dont le bras EF, depuis l'axe du Pignon jusqu'à la poignée F, forme un nouveau levier ; & si la main appliquée à ce levier en F est trois fois plus loin de l'axe, ou à une distance EF triple du rayon P G du Pignon, l'avantage triplera encore ; ainsi il deviendra douze fois plus grand.

En général, la force dans cette machine est au poids en raison composée de celles du rayon du cylindre à celui de la Roue, & du rayon du Pignon à la longueur du bras de la manivelle.

On peut encore sur le Pignon P fixer une seconde Roue que l'on feroit engrenner dans un second Pignon. C'est en multipliant ainsi les Roues & les Pignons que l'on forme le cric, machine aussi connue qu'elle est utile, puisqu'un seul homme souleve avec un cric ordinaire une voiture chargée de vingt milliers lorsqu'on veut changer une Roue ou la dégager d'une orniere.

D. Qu'est-ce que la *Vis fans fin* ?

R. On appelle *Vis fans fin* celle qui fait tourner une Roue dentée, comme dans la figure 10. Cette Vis n'a befoin que de deux ou trois filets, parce que quand un filet a fait avancer une dent, le fuivant fait avancer l'autre dent qui vient s'y placer à fon tour, & ainfi de fuite.

LEÇONS ÉLÉMENTAIRES

DE

MATHÉMATIQUES.

LIVRE QUATRIEME.

De la Sphere & des Globes célefte & terreftre.

Demande. Qu'entend-on par le mot de *Sphere* ?

Réponfe. Un corps rond, dont tous les points de la furface font également éloignés d'un point qu'on nomme centre.

L

D. Qu'eſt-ce que la *Sphere* en Aſtronomie ?

R. C'eſt cette étendue concave azurée
& diaphane qui paroît entourer le globe
de la terre, & auquel les corps céleſtes,
le ſoleil, les étoiles, les planetes & les
cometes ſemblent attachés ; ainſi, la connoiſſance de la Sphere eſt la premiere
partie de l'Aſtronomie.

D. Qu'entend-on par *Sphere* en Géographie ?

R. Sphere en Géographie ſignifie une
certaine diſpoſition de cercles ſur la ſurface de la terre, qui ſert à marquer les
ſituations des différens pays, & les diver-
ſités dans les ſaiſons.

D. Comment la Sphere céleſte repréſentée par un inſtrument ſert-elle en Aſtronomie ?

R. Parce que l'on y a imaginé pluſieurs circonférences de cercles, qui ont
été inventées pour repréſenter le mouvement des aſtres, & ſur-tout du ſoleil
& de la lune, ſelon le ſyſtême de

Ptolomée (1), ou fuivant l'apparence la plus fimple ou la plus facile à concevoir.

D. En quoi confifte le rapport de la Sphere ou du Globe terreftre avec la Sphere célefte ?

R. En ce que les cercles, conçus originairement fur la furface de la Sphere du monde, ont été, pour la plus grande partie, transférés par analogie à la furface de la terre, à laquelle ils correfpondent ; de maniere que fi les plans des grands cercles de la terre étoient continués jufqu'à la Sphere, ils s'ajufteroient & fe confondroient avec les cercles du Ciel (2).

D. Qu'eft-ce que la *Sphere armillaire ?*

_____

(1) Ptolomée croyoit que tous les aftres tournent tous les jours d'Occident en Orient ; c'eft pourquoi on a donné à cet affemblage de cercles le nom de Sphere de Ptolomée.

(2) C'eft ainfi que fur le Globe de la terre il y a de même que dans la Sphere un horizon, un méridien, un équateur.

On ignore par qui ces inftrumens ont été inventés. Il eft cependant certain qu'on en connoiffoit l'ufage du temps d'Archimede.

R. La *Sphere armillaire* (1) ou artificielle eſt un inſtrument aſtronomique compoſé de pluſieurs cercles évidés , placés les uns ſur les autres , comme on les conçoit dans la Sphere céleſte.

---

(1) On l'appelle ainſi, parce qu'elle eſt compoſée d'un petit nombre de bandes ou anneaux, appellés par les Latins Armilla, à cauſe de la reſſemblance qu'ils ont avec des bracelets ou anneaux. On diſtingue la Sphere armillaire d'avec le Globe, parce que , quoiqu'il ait auſſi tous les cercles de la Sphere tracés ſur ſa ſurface, il n'eſt cependant pas coupé en bandes ou anneaux pour repréſenter les cercles purement & ſimplement : mais il offre auſſi des eſpaces intermédiaires qui ſe trouvent entre les cercles. Il y a donc trois ſortes de repréſentations de la Sphere du monde, dont deux connues ſous le nom de Globe, le céleſte & le terreſtre, & la Sphere armillaire que l'on diſtingue encore en Sphere de Ptolomée & Sphere de Copernic. Dans la premiere, la terre occupe le centre, & c'eſt celle dont on ſe ſert communément pour réſoudre tous les problêmes qui ont rapport aux phénomenes du ſoleil & des autres aſtres, à-peu-près comme on feroit par le moyen du Globe céleſte. La Sphere de Copernic differe à pluſieurs égards de celle de Ptolomée. Le ſoleil y occupe le centre, & autour de cet aſtre ſont placés, à différentes diſtances, les planetes, au nombre deſquelles eſt la terre.

D. Que doit-on remarquer dans la Sphere ?

R. On peut remarquer dans toutes fortes de Spheres de grands & de petits cercles ; les grands cercles font ceux qui paffent par le centre de la Sphere, & qui la divifent en deux parties égales qu'on appelle hémifpheres (1). Les petits cercles font ceux qui ne paffent pas par le centre, & qui divifent la Sphere en deux parties inégales.

D. Qu'eft-ce qu'on entend par l'*axe* d'une Sphere ?

R. L'axe ou l'effieu d'une Sphere eft un de fes diametres, autour duquel on conçoit qu'elle tourne. Les extrêmités de l'axe qui font fur la furface de la Sphere font appellées les pôles de la Sphere (2).

(1) Tous les grands cercles ont le même centre que la Sphere, & par conféquent deux grands cercles fe coupent toujours en parties égales.

(2) Les cercles de la Sphere ont auffi leur axe & leurs pôles. L'axe d'un cercle eft une ligne perpendiculaire au plan du cercle, laquelle paffe par le centre. Chaque

D. Quels font les grands cercles de la Sphere?

R. L'*Horizon*, l'*Equateur*, le *Méridien*, le *Zodiaque*, qui renferme l'*Ecliptique*, le *Colure* des folftices, le *Colure* des équinoxes.

D. Quels font les petits cercles de la Sphere?

R. Le *tropique* du cancer & célui du capricorne, & les deux cercles *polaires*.

D. Quel eft l'ufage de ces dix cercles de la Sphere?

R. Ils fervent à expliquer les mouvemens des aftres ou à déterminer leur fituation.

D. Comment diftingue-t-on les aftres?

R. En *étoiles* fixes & en *planetes*. Les

---

pôle d'un cercle eft également éloigné de tous les points de fa circonférence. Si de deux grands cercles de la Sphere l'un paffe par un pôle de l'autre, le premier fera perpendiculaire au fecond & réciproquement. Enfin, quand un grand cercle paffe par les pôles de l'autre, l'arc du premier, compris entre un pôle & la circonférence du fecond, eft un quart de cercle.

étoiles fixes paroiffent toujours garder entr'elles la même fituation ; les planetes au contraire changent de fituation les unes à l'égard des autres , & par rapport aux étoiles (1).

(1) Tous ces aftres , fur-tout les planetes & les cometes , ont , comme nous le dirons dans la fuite , deux fortes de mouvemens , dont le premier fe fait d'Orient en Occident, on le nomme *diurne* ou journalier à caufe qu'il s'acheve dans l'efpace de vingt-quatre heures ou d'un jour naturel. On l'appelle auffi le mouvement commun, parce qu'il eft à-peu-près le même dans tous les aftres. Le fecond mouvement eft oppofé au premier, & fe fait par conféquent d'Occident en Orient. On l'appelle mouvement propre , ou périodique. Quand il s'agit du foleil on le nomme encore *annuel* , parce qu'il fe fait dans l'efpace d'une année. Ce fecond mouvement n'eft fenfible dans les étoiles fixes qu'après plufieurs années.

Pour concevoir ces deux mouvemens dans un même aftre, on fuppofe une roue fur laquelle il y a une mouche, qui, tandis qu'elle marche vers un côté, eft emportée de l'autre par le mouvement de la roue ; en ce cas le mouvement de la roue exprime le mouvement commun des aftres vers l'Occident, & le mouvement propre de la mouche repréfente le mouvement périodique vers l'Orient.

Le mouvement diurne fait décrire à tous les aftres des cercles paralleles, qui ont tous conféquemment le même

D. Qu'entend-on par les *pôles* du monde?

R. Ce font les points autour defquels le monde fe meut ; celui qui eft dans la partie du Ciel vifible, par rapport aux peuples de l'Europe, fe nomme feptentrional, arctique ou boréal , & le pôle qui lui eft oppofé s'appélle méridional, antarctique ou auftral (1).

---

axe, que l'on appelle l'axe du monde, & dont les deux pôles font aufli les pôles du monde.

En examinant le mouvement général des aftres, on remarque que chaque étoile décrit un cercle pendant l'efpace d'environ vingt-quatre heures. Les étoiles qui font plus au nord les décrivent plus petits que les autres, & l'on voit tous ces cercles , décrits par les différentes étoiles, diminuer de plus en plus, aller enfin fe perdre & fe confondre en un point élevé de la rondeur du Ciel , qui eft le pôle arctique du monde.

(1) On conçoit aufli pour tous les autres cercles de la Sphere deux pôles patticuliers, qui font les points les plus éloignés du cercle. Ainfi, les pôles de l'horizon font le zénit & le nadir , quelle que foit fa fituation. Les pôles du méridien font les deux points de l'équateur fitués dans l'horizon à l'Orient & à l'Occident. Les pôles des colures des équinoxes font les deux points folfticiaux du cancer

D. Qu'eſt-ce que l'*étoile polaire* ?

R. C'eſt une étoile fixe fort proche du pôle, autour duquel les autres étoiles tournent chaque jour. Cette étoile paroît ſenſiblement dans la même place à quelque heure & dans quelque ſaiſon qu'on la regarde (1).

D. Comment nomme-t-on les points *cardinaux* ?

R. Le *nord* & le *ſud*, *l'orient* & *l'occident*. Le nord ou ſeptentrion eſt le côté vers lequel on eſt tourné quand on regarde le pôle. Le ſud ou le midi eſt le côté oppoſé. C'eſt celui où le ſoleil paroît vers le milieu du jour. L'orient, le levant ou l'eſt eſt entre deux, du côté où

& du capricorne, & les pôles des colures des ſolſtices font les deux points équinoxiaux du bélier & de la balance.

(1) L'étoile polaire eſt la ſeule qui paroiſſe reſter dans la même place ; car toutes les autres étoiles décrivent des cercles autour d'elle, ou plutôt autour du pôle, qui eſt comme le centre du mouvement ou le moyeu de la roue.

les astres se levent. L'occident, le couchant ou l'ouest est aussi placé entre les deux points du nord & du sud à égale distance ou à angles droits, ou du côté où les astres se couchent; l'orient est à droite quand on regarde le pôle arctique (1).

Du Zénit & du Nadir.

D. Qu'entend-on par le *Zénit?*

R. Le Zénit est le point qui répond directement au-dessus de notre tête en quelqu'endroit que nous soyons; c'est le point le plus élevé du Ciel (2).

_____

(1) Les quatre points qui sont chacun à égale distance des points cardinaux, dans les intervalles desquels ils se trouvent, forment quatre principaux points nommés collatéraux, & qui servent sur-tout pour les navigateurs. Celui qui est à égale distance du nord & de l'est s'appelle nord-est; celui qui est à égale distance du sud & de l'est se nomme sud-est. On appelle sud-ouest celui qui est à égale distance du sud & de l'ouest, & nord-ouest celui qui est également éloigné du nord & de l'ouest.

(2) Il est toujours éloigné de 90 degrés ou d'un quart de cercle de tous les points de l'horizon. Si donc un astre paroît élevé au-dessus de l'horizon de 60 degrés,

D. Qu'eſt-ce que le *Nadir* ?

R. Le Nadir eſt le point inférieur de la Sphere céleſte, le point du Ciel qu'on imagine ſous la terre diamétralement oppoſé au Zénit dans chaque partie du monde (1).

;il ſera éloigné du zénit de 30 degrés, car 30 & 60 font 90 degrés qu'il y a depuis l'horizon juſqu'au zénit : ainſi la hauteur d'une étoile eſt le complément de ſa diſtance au zénit , parce que le complément d'un arc eſt ce qui lui manque pour aller à 90 degrés.

(1) Le Nadir & le Zénit font tous deux les pôles de l'horizon , & ils en font éloignés de tous les côtés de 90 degrés. Ils font dans le méridien l'un au - deſſus de l'autre, au-deſſous de la terre; en ſorte que la diſtance de l'un de ces points au pôle , à l'équateur ou à quelqu'autre point du monde, eſt la même que celle de l'autre vers le pôle oppoſé, & au côté oppoſé de l'équateur.

Le Nadir & le Zénit étant directement oppoſés l'un à l'autre, ſi l'on conçoit un cercle qui faſſe tout le tour du Ciel, en paſſant par le Zénit & par le Nadir, il y aura 180 degrés ou un demi - cercle d'un côté & autant de l'autre; & ce cercle allant ainſi du Zénit au Nadir, de quelque côté qu'il ſoit, ſe nomme vertical, comme on appelle ligne verticale celle que marque le fil à plomb, & dont la direction prolongée haut & bas marque le Zénit & le Nadir.

DE L'HORIZON.

D. Qu'eſt-ce qu'on nomme *Horizon ?*

R. C'eſt un grand cercle de la Sphere qui diviſe le monde en deux parties ou hémiſpheres (1), & qui, pour chaque lieu de la terre, ſépare la partie viſible du Ciel de celle qui ne l'eſt pas; c'eſt enfin le cercle ou la terre & le ciel nous ſemblent ſe toucher.

D. Qu'entend - on par l'Horizon ſenſible?

R. L'Horizon ſenſible, apparent ou viſuel, eſt le cercle qui diviſe la partie

---

Chacun a ſon Zénit & ſon Nadir qui changent lorſqu'on change de place. Comme la terre a 9000 lieues de tour, le Zénit & le Nadir ne changent pas conſidérablement, quoiqu'on change de place ; c'eſt pourquoi on ne donne communément qu'un Zénit à une Ville quelque grande quelle ſoit, il n'y a que trois minutes de différence d'un bout de Paris à l'autre.

(1) C'eſt au milieu de chacune de ces deux parties que répondent, aux extrémités de l'axe de l'horizon, les deux pôles appellés zénit & nadir. Cet axe ou cette ligne verticale paſſe auſſi par le centre de la terre.

que

que nous voyons d'avec celle que nous ne voyons pas ; c'eſt-à-dire, qu'il ne s'étend pas plus que notre vue ne peut s'étendre, lorſque placés ſur une montagne ou dans une plaine, nous regardons à l'entour de nous (1),

(1) Le cercle immenſe qui ſépare la partie viſible du Ciel de celle qui eſt cachée, renferme le petit cercle terreſtre que l'œil découvre. Ils ont tous deux pour centre le lieu même du ſpectateur.

L'horizon eſt différent pour tous les différens points de la terre ; chaque Pays, chaque Obſervateur a donc le ſien, & quand nous changeons de place nous changeons d'horizon. L'horizon ſenſible en pleine mer, quand l'œil eſt à cinq pieds de hauteur, s'étend à une lieue de diſtance ; à la même élévation, ſur la terre, il ne comprend que quelques lieues quarrées ; ce n'eſt qu'un point en comparaiſon de tout le reſte de la ſurface de la terre. Ainſi, il n'eſt pas étonnant que la courbure d'une ſi petite portion de la ſurface ſphérique de la terre ſoit inſenſible, & qu'alors elle nous paroiſſe comme une figure plane.

Si par hazard on objectoit que la hauteur des montagnes doit s'oppoſer à la ſphéricité de la terre, on pourra répondre que la hauteur des montagnes eſt trop peu de choſe en comparaiſon de la terre. Si la terre eſt ſuppoſée parfaitement ronde, tous les points de ſa ſurface ſont également diſtants du centre, chacun d'eux en étant à 1500 lieues ; ſes montagnes les plus élevées ont à-peu-près une lieue & un tiers de haut : elles ſont

M

D. A quoi fert l'Horizon dans l'Aftronomie?

R. Il fert à marquer le lever & le
coucher des aftres.

Lorfqu'un aftre vient fur l'Horizon,
il fe leve ; on commence à le voir pendant qu'il eft fur cet Horizon : quand il
defcend au-deffous il fe couche, & l'on
ne peut plus le voir.

DE L'EQUATEUR.

D. Qu'eft-ce que l'*Equateur* ?

R. C'eft un grand cercle de la Sphere
qui eft également éloigné des deux pôles

---

donc à 1501 lieues du centre. Que l'on confidere l'effet
que diverfes éminences, un peu moindre chacune que la
foixante-douzieme partie d'un pouce, feroit fur trente
pouces de diametre ; tel eft l'effet que les plus hautes montagnes produifent fur la furface de la terre. Elles n'y font que
de fort petits points, & n'en altérent qu'infenfiblement la
fphéricité. De même, un abîme, dont le fond feroit dif-
tant du centre de la terre de 1499 lieues, auroit une lieue
de profondeur, en attribuant 300 toifes aux plus profonds
abîmes : la fphéricité de la terre n'en fera pas plus altérée
que par la hauteur des montagnes.

du monde, ou dont les pôles font les mêmes que ceux du monde (1), & autour duquel fe fait le mouvement du Ciel tous les jours.

D. Pourquoi le nomme - t - on Equateur ?

---

(1) Chaque point de l'Equateur eft éloigné d'un quart de cercle des pôles du monde, c'eft-à-dire, de 90 degrés; d'où il fuit que l'Equateur divife la fphere en deux hémifpheres, dans l'un defquels eft le pôle feptentrional, & dans l'autre le pôle méridional.

L'Equateur coupe la zone torride par le milieu ; le foleil décrit ce grand cercle le premier jour du printemps & le premier jour de l'automne. Ainfi il y revient deux fois par an. Les peuples qui habitent fous l'Equateur ont pendant toute l'année les jours égaux aux nuits, fi ce n'eft que le crépufcule du matin & du foir peut augmenter un peu leurs jours & diminuer leurs nuits. L'Equateur terreftre répond à l'Equateur célefte, & divife la terre en deux parties égales, dont l'une eft appellée feptentrionale & l'autre méridionale. C'eft cet Equateur que les Pilotes nomment la ligne.

On mefure fur l'Equateur terreftre la longitude des Villes & de tous les lieux qui font fur la furface de la terre, & leurs latitudes, par leurs diftances à l'équateur, comptées fur des Méridiens, en allant vers fes pôles jufqu'à 90 degrés. Chaque degré de latitude eft 25 lieues, les lieues de 2283 toifes.

M 2

R. Ou parce qu'il divise la Sphere en deux parties également éclairées dans le cours d'une année, ou parce que quand le foleil eſt dans ce cercle, il y a égalité entre les jours & les nuits dans tous les lieux de la terre, s'appelle auſſi Equinoxial.

D. Quelle eſt l'inclinaiſon de l'Equateur par rapport à l'Ecliptique ?

R. Elle eſt de vingt-trois degrés & demi.

DU MÉRIDIEN.

D. Qu'entend-on par le *Méridien?*

R. C'eſt un grand cercle de la Sphere (1)

---

(1) Chaque point de ce cercle eſt également éloigné de l'horizon à droite & à gauche ; de ſorte que tous les aſtres, entre leur lever & leur coucher, ſe trouvent dans le Méridien une fois au-deſſus de l'horizon, & une fois au-deſſous après leur coucher. Ainſi leur circulation diurne eſt partagée en quatre parties depuis leur lever juſqu'à leur paſſage au-méridien ſupérieur, delà juſqu'à leur coucher ; depuis leur coucher juſqu'à leur paſſage à la partie inférieure du Méridien, & delà juſqu'au lever du jour ſuivant.

qui paffe par le zénit & par le nadir, par les pôles du monde, & par le lieu où fe trouve le foleil à midi, ou au milieu du jour (1). Il eft midi ou minuit au même inftant dans tous les lieux fitués fous le même Méridien.

D. Comment le cercle du Méridien partage-t-il le Ciel?

R. En deux hémifpheres, dont l'un eft à l'orient & l'autre à l'occident, on appelle l'hémifphere, où l'on apperçoit le lever du foleil, hémifphere oriental, celui où il difparoît hémifphere occidental (2).

---

(1) Le Méridien fert à trouver la plus grande & la plus petite hauteur des aftres au-deffus de l'horizon : auffi les Aftronomes calculent fans ceffe les paffages des aftres au Méridien par les hauteurs correfpondantes, & en conféquence le temps vrai.

(2) Tous les Méridiens des différens pays de la terre fe réuniffent & fe coupent aux deux pôles du monde, puifqu'ils font tous menés d'un pôle à l'autre. Ils font tous coupés en deux parties égales par l'équateur, puifque l'équateur eft par-tout à égale diftance des deux pôles ; ils font tous perpendiculaires à l'équateur : mais quand l'Obfervateur, placé dans un lieu fixe, parle du Méridien, il doit toujours entendre le Méridien du lieu où il

M 3

D. Qu'eſt-ce que le *premier Méridien?*

R. C'eſt celui duquel on compte tous les autres, en allant d'orient en occident ſur la terre ; ainſi le premier Méridien eſt le commencement de la longitude géographique ou terreſtre (1).

---

eſt, celui que l'on conçoit comme fixe auſſi-bien que l'horizon ; enfin, celui qui paſſe par le zénit. Les Méridiens terreſtres répondent aux Méridiens céleſtes. Ils paſſent par les pôles de la terre, & coupent l'équateur à angles droits. On peut concevoir autant de Méridiens ſur la terre, que de points ſur l'équateur ; de ſorte que les Méridiens changent à meſure que l'on change de longitude. Ainſi l'Obſervateur qui marche vers l'Orient où vers l'Occident en change continuellement, puiſque ſon Méridien paſſe toujours par ſon nouveau zénit & par les deux pôles du monde. Il n'y a qu'un ſeul moyen de changer de place ſans changer de Méridien, c'eſt d'aller directement vers le nord ou vers le ſud, c'eſt-à-dire, en avançant vers les pôles.

(1) C'eſt cependant une choſe arbitraire de prendre tel ou tel Méridien pour premier Méridien, parce que le Ciel ne donne aucun terme fixe ſur la terre pour les longitudes, au lieu que l'équateur en fournit un pour compter les latitudes.

Le premier Méridien a été fixé différemment par différens Auteurs, chez différentes Nations & en différens

D. Où le premier Méridien des François est-il placé ?

R. La Déclaration de Louis XIII du

temps. Les anciens faisoient passer le premier Méridien par l'endroit le plus occidental qu'ils connussent ; c'étoit les îles Canaries ; mais comme il n'y avoit point d'endroit sur la terre qu'on pût regarder comme le plus occidental, cet usage n'a pas été suivi généralement. Les Navigateurs françois comptent du Méridien de Paris. Les Astronomes choisissent souvent dans leur calcul pour premier Méridien, celui du lieu où ils font leurs observations. Ptolomée avoit pris celui d'Alexandrie ; les Arabes, Tolede ; Riccioli, Boulogne ; Tycho, Brahé, & Kepler, Uranibourg. Les Anglois prennent l'Observatoire Royale de Greenwich, en Angleterre ; les Hollandois, Amsterdam, & les Astronomes françois l'Observatoire de Paris.

En prenant en temps & non pas en degrés la différence des Méridiens, ou la différence des longitudes entre Paris & les autres Pays, quinze degrés de longitude font une heure, parce que les vingt-quatre heures du jour font tout le tour de la terre. Chaque degré fait quatre minutes de temps ; & au lieu de dire, par exemple, que Poitiers est à 18 degrés de longitudes, parce que cette Ville est de deux degrés plus occidentale que Paris, ils disent que la différence des Méridiens est de huit minutes occidentale.

C'est une chose des plus nécessaires, mais en même temps des plus difficiles dans l'Astronomie, la Géographie & la Navigation que de trouver les longitudes. Il

M 4

25 Avril 1634 a fixé le premier Méridien des François à l'extrêmité de l'île de Fer, la plus occidentale des Canaries; aussi M. Delisle & M. Danville, fameux Géographes, ont établi dans la plupart de nos Cartes le premier Méridien universel à vingt degrés du Méridien de Paris du côté de l'occident;

s'agit de savoir, par exemple, combien le Meridien de la Martinique est éloigné de celui de Paris, ou combien il faut faire de degrés vers l'occident pour arriver à la Martinique. La méthode que les Astronomes emploient consiste à chercher dans le Ciel un phénomene ou un signal qui puisse être apperçu au même instant de Paris & de la Martinique; par exemple, le moment où commence une éclipse de lune. S'il est minuit à la Martinique quand l'éclipse y commence, & que dans ce moment on ait compté 4 heures 15 minutes du matin à Paris, nous sommes assurés qu'il y a 4 heures 15 minutes de temps, ce qui fait un arc de 63 degrés 46 minutes, du Méridien de Paris au Méridien de la Martinique. En effet, le soleil emploie 24 heures à faire le tour du globe, & une heure à faire 15 degrés : si les habitans de la Martinique avoient le midi plus tard que nous d'une heure, nous serions assurés par-là même qu'ils sont à 15 degrés de nous vers l'occident; mais ils l'ont plus tard que nous de 4 heures 15 minutes, à raison de 15 degrés pour chaque heure, & d'un degré pour 4 minutes de temps; cela fait 63 degrés 45 minutes.

delà l'on continue de compter les longitudes terreſtres vers l'orient juſqu'à 360 degrés, en faiſant le tour de la terre.

D. A quoi ſert entr'autres la connoiſſance des différens Méridiens?

R. A faire connoître la différence des heures que l'on compte en même temps dans les différens Pays (1).

---

(1) Un Obſervateur qui s'avanceroit à 15 degrés de Paris du côté de l'orient ; par exemple, à Vienne en Autriche, compteroit environ une heure de plus qu'à Paris, parce qu'allant au-devant du ſoleil, qui tourne chaque jour de l'orient à l'occident, il le verroit une heure plutôt que nous. En continuant d'avancer ainſi vers l'orient de 15 en 15 degrés, il gagneroit une heure à chaque fois ; & s'il faiſoit le tour entier de la terre, il ſe trouveroit, en arrivant à Paris, avoir gagné 24 heures, & compteroit un jour de plus que nous ; il ſeroit au Lundi, tandis que nous ſerions encore au Dimanche.

Un autre Obſervateur qui s'avanceroit du côté du couchant retarderoit de la même quantité ; & revenant à Paris après le tour du monde, il ne compteroit que Samedi lorſque nous ſerions au Dimanche. On éprouvera cette ſingularité dans la maniere de compter toutes les fois qu'on verra un vaiſſeau qui aura fait le tour du monde, en comptant les jours dans le même ordre, ſans s'aſſujettir aux Calendriers des Pays par où il aura paſſé.

Du Zodiaque & de l'Ecliptique.

D. Qu'entend-on par le Zodiaque &
l'Ecliptique?

Par la même raison, les habitans des îles de la mer du
sud qui sont éloignés de 12 heures de notre méridien,
doivent voir les voyageurs qui viennent des Indes & ceux
qui reviennent de l'Amérique, compter différemment les
jours de la semaine, les premiers ayant un jour de plus
que les autres; car supposant qu'il est Dimanche à midi
pour Paris, ceux qui sont dans les Indes disent qu'il y a
six heures que Dimanche est commencé, & ceux qui
sont en Amérique disent qu'il s'en faut au contraire de
plusieurs heures. Cela parut très-singulier à nos anciens
voyageurs, qu'on accusa d'abord de s'être trompés dans
leurs calculs & d'avoir perdu le fil de leurs Almanachs.
Dampierre étant allé à Mindanar par l'ouest, trouva qu'on
y comptoit un jour de plus que lui. Varenius dit même
qu'à Macao, ville maritime de la Chine, les Portugais
comptent habituellement un jour de plus que les Espagnols ne comptent aux Philippines; les premiers sont au
Dimanche, tandis que les seconds ne comptent que Samedi, quoiqu'ils soient peu éloignés les uns des autres.
Cela vient de ce que les Portugais établis à Macao y sont
allés par le Cap de Bonne Espérance ou par l'orient, &
que les Espagnols sont allés aux Philippines par l'occident;
c'est-à-dire, en partant de l'Amérique & traversant la mer
du sud.

R. Le *Zodiaque* eft fuppofé en Géographie une bande ou zône célefte qu'on place ordinairement dans la Sphere armillaire. Elle fait tout le tour de la Sphere, & elle a environ 16 degrés de largeur ; le Zodiaque eft divifé dans toute fa longueur par l'Ecliptique, ou le cercle que le foleil paroît décrire chaque année.

D. Quel eft l'ufage de cette Zône appellée Zodiaque ?

R. Elle fert feulement à indiquer l'efpace dans lequel font renfermés les planetes qui s'éloignent de l'Ecliptique tout au plus de huit à neuf degrés.

D. Comment divife-t-on la circonférence du Zodiaque & de l'Ecliptique ?

R. En douze parties, renfermant chacune 30 degrés. Chacune de ces portions renferme auffi une conftellation que l'on nomme figne. Ces conftellations font au nombre de douze, foús lefquelles le foleil fe trouve placé fucceffivement dans le cours d'une année (1). Six de

---

(1) Le foleil paroît parcourir en un an les douze

ces fignes font dans la partie feptentrionale par rapport à l'équateur, & les fix autres dans la partie méridionale. On nomme les premiers fignes feptentrionaux, & les feconds fignes méridionaux.

D. Quels font les fignes feptentrionaux?

R. Ce font ceux fous lefquels la terre apperçoit le foleil, lorfqu'il eft le plus près de notre tête à midi, & qu'il échauffe le plus la partie feptentrionale; c'eft-à-dire, depuis le printemps jufqu'au commencement de l'automne ; ces fignes font le *Bélier*, le *Taureau*, les *Gémeaux*, l'*Ecreviffe*, le *Lion* & la *Vierge*.

D. Quels font les fignes méridionaux?

R. Ce font ceux fous lefquels la terre voit le foleil, lorfqu'il échauffe davantage la partie méridionale ; favoir, pendant

---

fignes ; favoir, les trois premiers à-peu-près pendant le printemps, & les trois autres en été ; les fuivants en automne, & les trois derniers pendant l'hiver.

Les planetes parcourent le zodiaque auffi-bien que le foleil par un mouvement qui leur eft propre ; mais en temps différens, nous en parlerons dans le Livre V, où il fera queftion des détails de l'Aftronomie.

l'automne & l'hiver; ces fignes font la *Balance*, le *Scorpion*, le *Sagittaire*, le *Capricorne*, le *Verfeau*, les *Poiffons* (1).

(1) Voici l'ordre des douze fignes, les temps de l'entrée du foleil dans chacun d'eux, & les temps des équinoxes & des folftices.

Signes *feptentrionaux du Printemps.*			L'entrée du foleil.
Equinoxe du print. Ier degré du Bélier 21 Mars.	♈	Le Bélier , *Aries*.	20 Mars.
	♉	Le Taureau , *Taurus*. · .	20 Avril.
	♊	Les Gémeaux, *Gemini* : .	21 Mai.
Signes *feptentrionaux de l'Eté.*			L'entrée du foleil.
Solftice de l'été, Ier degré de l'écr. 21 Juin.	♋	L'Ecreviffe , *Cancer* . ⸢ .	21 Juin.
	♌	Le Lion, *Leo*	22 Juillet.
	♍	La Vierge , *Virgo* . . .	23 Août.
Signes *méridionaux de l'Automne.*			L'entrée du foleil.
Equinoxe d'aut. Ier degré de la Bal. 22 Sept.	♎	La Balance , *Libra*	22 Sept.
	♏	Le Scorpion, '*Scorpio* . .	23 Oct.
	♐	Le Sagittaire , *Sagittarius*.	22 Nov.
Signes *méridionaux de l'Hiver.*			L'entrée du foleil.
Solft. de l'hiv. Ier degré du Capr. 22 Déc.	♑	Le Capricorne, *Caper* . .	22 Déc.
	♒	Le Verfeau , *Aquarius*. . .	19 Janv.
	♓	Les Poiffons, *Pifces* . . .	18 Fév.

Suivant le fyftême de Copernic , c'eft le grand cercle

D. Quels font les fignes qu'on appelle *afcendans* ?

que décrit annuellement la tetre en tournant autour du foleil.

L'écliptique eft ainfi nommée à caufe que toutes les éclipfes arrivent quand la lune eft vers fes nœuds, c'eft-à-dire, proche de l'écliptique.

On appelle nœuds les endroits où l'écliptique eft coupée par les orbites des planetes. Chaque planete a auffi fon orbite plus ou moins inclinée fur celui de la terre ou fur l'écliptique quand le foleil a parcouru 30 degrés de l'écliptique par fon mouvément annuel en partant de l'équinoxe ; on dit qu'il a 30 degrés, ou un figne, de longitude, ainfi de fuite jufqu'à douze fignes. Les 30 premiers degrés font compris fous le nom de Bélier, les 30 degrés qui fuivent forment le Taureau, &c.

Ces douze fignes, dont les noms appartiennent aux douze portions de l'écliptique comptés depuis l'équinoxe, font différens des conftellations ou figures étoilées qui portent les mêmes noms. On diftingue le figne du Bélier de la conftellation du Béliér ; le figne n'eft autre chofe que la premiere douzieme, ou les 30 premiers degrés du cercle de l'écliptique ; la conftellation du Bélier eft un affemblage d'étoiles, qui, à la vérité, répondoit autrefois dans le Ciel au même endroit que le figne du Bélier, auquel il a donné fon nom, mais qui eft actuellement beaucoup plus avancé ; les étoiles du Bélier font dans le figne du Taureau, & ainfi des autres. Nous parlerons de toutes les conftellations dans le cinquieme Livre.

R. Il y en a fix que le foleil parcourt lorfqu'il monte ; c'eft-à-dire, quand il s'approche le plus du zénit à midi : ce font le Capricorne, le Verfeau, les Poiffons, le Bélier, le Taureau & les Gemeaux.

D. Quels font les fignes *defcendans ?*

R. Ce font la Balance, le Scorpion, le Sagittaire, l'Ecreviffe, le Lion, la Vierge. Ils font nommés defcendans, parce que le foleil defcend de plus en plus fur le midi, & qu'il eft chaque jour plus éloigné du zénit à midi que le jour précédent.

D. Comment l'Ecliptique coupe-t-elle l'équateur ?

R. L'Ecliptique placée obliquement par rapport à l'équateur le coupe en deux points ; c'eft-à-dire, au commencement du Bélier & de la Balance en deux parties égales (1).

_____

(1) Le foleil eft deux fois chaque année dans l'équateur dont il s'éloigne enfuite de 23 degrés & demi du côté du nord & du côté du midi.

D. Quelle est *l'obliquité de l'Ecliptique*, ou l'angle qu'elle fait avec l'équateur?

R. Cette obliquité est actuellement de 23 degrés 28 minutes. Elle diminue d'environ une demi-minute tous les cent ans. Les points de la plus grande déclinaison de chaque côté s'appellent points solsticiaux; ce sont ceux par lesquels passent les deux tropiques (1).

(1) Chacun des paralleles, à l'équateur que le soleil paroît décrire de jour en jour par son mouvement diurne, est autant éloigné de l'équateur que le point de l'écliptique où se trouve le soleil. Quand le soleil est éloigné de dix degrés de l'équateur, ou qu'il a dix degrés de déclinaison, il décrit un parallele qui s'éloigne de l'équateur de dix degrés, & passe au zénit de tous les pays de la terre qui ont dix degrés de latitude. Quand il est parvenu à son plus grand éloignement, qui est de vingt-trois degrés & demi, il décrit un parallele le plus éloigné de l'équateur, le plus petit qu'il puisse décrire; c'est celui-là qu'on appelle tropique, d'un mot grec qui signifie retourner. Il y a un tropique de chaque côté de l'équateur, l'un se nomme le tropique du Cancer, parce que le soleil décrit celui-ci le jour du solstice d'été, entrant dans le signe du Cancer; l'autre s'appelle le tropique du Capricorne, parce qu'il est décrit au temps du solstice d'hiver, où le soleil entre dans le Capricorne; ainsi les

DES

DES COLURES.

D. Qu'eſt-ce qu'on nomme *Colures* ?

R. Ce ſont deux grands cercles qu'on ſuppoſe s'entrecouper à des angles droits aux pôles du monde, & paſſer l'un par les ſolſtices, l'autre par les équinoxes.

D. Comment nomme-t-on ces deux grands cercles ?

R. L'un ſe nomme le *Colure des ſolſtices*, & l'autre le *Co ure des équinoxes*.

D. Quel eſt celui qu'on nomme le Colure des ſolſtices ?

---

tropiques comprennent tout l'eſpace dans lequel peut ſe trouver le ſoleil au-deſſus & au-deſſous de l'équateur, & cet eſpace eſt de quarante-ſept degrés. Les tropiques touchent l'écliptique, & ſe confondent avec ce cercle dans les points ſolſticiaux.

Le tropique du Cancer paſſe ſur la terre un peu au-delà du Mont Atlas ſur la côte occidentale de l'Afrique, puis à Syenne, en Ethyopie, delà ſur la Mer rouge, le mont Sinaï, ſur la Mecque, ſur l'Arabie heureuſe, ſur l'extrêmité de la Perſe, ſur les Indes, la Chine, la Mer pacifique, le Mexique & l'île de Cuba. Le tropique du Capricorne paſſe dans le pays des Hottentots, en Afrique, dans le Bréſil, le Paraguai & le Pérou.

N

R. C'eft celui qui eft perpendiculaire à l'écliptique auffi-bien qu'à l'équateur, & paffe par les points folfticiaux (1) qui font au commencement du figne du Cancer & du Capricorne.

D. Qu'eft-ce que le Colure des équinoxes ?

C'eft celui qui paffe par les points équinoxiaux (2), lefquels font au com-

---

(1) C'eft-à-dire par les points où l'écliptique touche les deux tropiques ; le grand cercle paffant par les pôles du monde ou de l'équateur & par les points folfticiaux, fert à mefurer l'obliquité de l'écliptique, & il eft à la fois cercle de déclinaifon & cercle de latitude. Tous les aftres placés fous ce colure ont 90 ou 270 degrés d'afcenfion droite & de longitude.

(2) C'eft-à-dire par les points où l'écliptique coupe l'équateur. Le colure des équinoxes eft perpendiculaire au premier, & paffe auffi par les pôles du monde. Il fert à compter les afcenfions droites par les angles qu'il fait avec tous les autres méridiens ou cercles de déclinaifon. Tous les aftres placés fur ce colure ont zéro ou 180 degrés d'afcenfion droite, mais leur longitude varie.

Les colures en coupant l'équateur marquent les quatre faifons de l'année ; car ils divifent l'écliptique en quatre parties égales, à commencer par le point de l'équinoxe

mencement du Bélier & de la Balance.

DES TROPIQUES.

D. Qu'eft-ce que les *Tropiques?*

R. Ce font deux petits cercles parallèles à l'équateur, & paſſant par les points folſticiaux ; c'eſt-à-dire, par des points éloignés de l'équateur de 23 degrés & demi environ, & qui touchent l'écliptique.

D. Où font-ils placés ?

R. L'un au nord, au commencement du Cancer, & l'autre au midi, au commencement du Capricorne (1).

---

du printemps. Ces cercles enfin paſſant par les pôles du monde, font par conféquent l'un & l'autre au nombre des méridiens.

(1) Les tropiques font donc des cercles diurnes que le foleil paroît décrire dans fon mouvement autour de la terre, lorſqu'il entre dans les fignes du Cancer & du Capricorne. Celui de ces deux cercles qui paſſe par le premier point du Cancer, s'appelle tropique du Cancer ; celui qui paſſe le premier point du Capricorne eſt le tropique du Capricorne. Les tropiques renfermant la route du foleil dans l'écliptique, font comme deux barrieres que le foleil ne paſſe jamais. C'eſt dans les mêmes cercles que le foleil

DES CERCLES POLAIRES.

D. Qu'est-ce que les *Cercles polaires* ?

fait le plus long & le plus court jour de l'année , de même la plus longue & la plus courte nuit. Les tropiques marquent les lieux de l'écliptique où arrivent les solstices , & auxquels le soleil a sa plus grande déclinaison , sa plus grande & sa plus petite hauteur méridienne. Ils montrent dans le méridien sa plus grande & sa plus petite distance du soleil au zénit pour les habitans de la Sphere oblique. Les tropiques renferment l'espace de la terre qu'on nomme zône torride , & la séparent des zônes tempérées. Ils marquent sur l'horizon quatre points collatéraux, l'orient & l'occident d'été , l'orient & l'occident d'hiver , & la distance de ces mêmes points , au lever & au coucher équinoxial, montre les plus grandes amplitudes du soleil.

L'amplitude orientale ou ortive est la distance entre le point où s'éleve un astre , & le point du véritable orient, qui est un des points d'intersection de l'équateur & de l'horizon.

L'amplitude occidentale ou occase est la distance entre le point où l'astre se couche & le point du vrai occident équinoxial. L'amplitude orientale & l'occidentale s'appellent tantôt septentrionale, tantôt méridionale, selon qu'elles tombent dans la partie septentrionale ou méridionale de l'horizon.

L'amplitude qui fixe dans l'horizon le point ou un astre se

R. Les *Cercles polaires* font deux petits cercles éloignés des pôles du monde de 23 degrés & demi, autant que les tropiques le font de l'équateur. Celui qui eft du côté du nord eft le Cercle polaire arctique, & l'autre le Cercle polaire antarctique (1).

De la Sphere droite, oblique & parallele.

D. Pourquoi diftingue-t-on trois pofitions de la Sphere armillaire ?

___

leve, & celui où il fe couche fupplée en mer à la méridienne qu'on ne peut tracer ; elle fert encore à trouver la déclinaifon de l'aiguille aimentée.

La diftance d'un aftre au midi, ou l'arc de l'horizon compris entre le méridien & le vertical qui paffe par un aftre, s'appelle *azimut* : ainfi il eft le complément de l'amplitude orientale ou occidentale, ou ce qui lui manque pour faire le quart de l'horizon ; on ne parle d'amplitude que quand un aftre fe leve ou fe couche, dès qu'il eft élevé au-deffus de l'horizon on compte fon azimut, mais on ne compte plus fon amplitude.

(1) Les cercles polaires font des cercles diurnes que les pôles de l'écliptique décrivent fur la face immobile de la Sphere du monde. Ils font inutiles en Aftronomie, mais ils fervent aux Géographes à indiquer les pays de la terre qui font fitués dans les Zônes glaciales.

R. On diftingue trois pofitions différentes de la Sphere armillaire pour re-
préfenter trois fortes de fituations dans
les différens pays de la terre ; la Sphere
droite , la Sphere *oblique* & la Sphere *pa-
ralléle.* Les apparences du mouvement
diurne font fort différentes dans ces trois
pofitions.

D. Qu'eft - ce qu'on nomme Sphere
droite ?

R. La Sphere *droite* eft celle dans laquelle l'équateur eft droit ou perpendiculaire à l'horizon du lieu ; c'eft-à-dire,
le coupé à angles droits (1).

_____

(1) La Sphere droite a lieu pour ceux qui habitent fous
l'équateur ou ligne équinoxiale , comme à Quito dans l'A-
mérique méridionale. Là les deux pôles du monde font
toujours dans l'horizon. Tous les paralleles à l'équateur
font coupés par l'horizon en deux parties égales que le
foleil parcourt chacune en douze heures. Ainfi les jours
y font égaux entr'eux, & égaux aux nuits pendant toute
l'année, le foleil monte & y defcend directement ou
perpendiculairement par rapport à l'horizon plus vîte que
s'il fe mouvoit obliquement ; ainfi le crépufcule eft plus
court.

Le foleil y paffe deux fois l'année par le zénit ; Sa

D. Qu'eſt-ce qu'on entend par la Sphere, *oblique* ?

R. La Sphere *oblique* eſt celle dans laquelle l'équateur eſt incliné ou ſitué

---

voir, le 20 Mars & le 22 Septembre, jours auxquels le ſoleil décrit l'équateur, parce que l'équateur paſſe toujours par le zénit de ces pays-là. On en peut conclure qu'ils ont deux étés & deux printemps; la chaleur y eſt extrême ſur les rivages & dans les fonds, mais elle ſe change en une agréable température lorſqu'on s'éleve de douze à quinze cents toiſes au-deſſus du niveau de la mer; & ſur des montagnes de 2500 toiſes, ou au-delà, l'on éprouve, quoique dans la zône torride, un froid inſuportable & une neige éternelle, parce que la chaleur de la terre ne s'y communique pas aſſez.

Dans la Sphere droite on a le ſoleil du côté du nord & l'ombre du côté du midi pendant la moitié de l'année, depuis le 20 Mars juſqu'au 22 Septembre. On a le ſoleil du côté du midi & l'ombre du côté du nord pendant les ſix autres mois de l'année, & dans les deux jours d'équinoxes l'ombre diſparoît totalement à l'heure du midi, le ſoleil étant au zénit.

Toutes les étoiles y montent ſur l'horizon dans l'eſpace de vingt-quatre heures, puiſqu'en faiſant leur révolution elles ſont douze heures ſur l'horizon & douze heures au-deſſous; au lieu que dans les autres poſitions de la Sphere il y a toujours une partie des étoiles qui ne ſe leve jamais & une partie qui ne ſe couche point.

N 4

obliquement par rapport à l'horizon (1), comme dans toute l'Europe.

---

(1) Dans la Sphere oblique les parallèles à l'équateur font coupés inégalement par l'horizon ; l'équateur & l'horizon se coupent obliquement, faisant un angle aigu d'un côté & obtus de l'autre.

Le jour n'est égal à la nuit que le 20 Mars & le 22 de Septembre, jours des équinoxes, le soleil décrivant alors l'équateur, qui est toujours coupé en deux parties égales par l'horizon. Dans les pays septentrionaux, tels que l'Europe, on a les plus longs jours tant que le soleil est dans les fix premiers fignes, le Bélier, le Taureau, les Gémeaux, l'Ecreviffe, le Lion, la Vierge, parce qu'alors fa déclinaison est septentrionale, & qu'il décrit les parallèles qui ont leur plus grande portion au-deffus de l'horizon. Dans les pays méridionaux, comme dans une partie de l'Afrique & de l'Amérique méridionale, les plus longs jours arrivent quand le soleil est dans les fix derniers fignes, qui font les fignes méridionaux, la Balance, le Scorpion, le Sagittaire, le Capricorne, le Verfeau, les Poiffons, parce qu'alors le soleil décrit les parallèles, dont les plus grandes portions font au-deffous de l'horizon.

Dans la Sphere oblique des pays septentrionaux, en-deçà du tropique du Cancer, le soleil monte depuis le le 21 Décembre, jour du folstice d'hiver, jusqu'au 21 Juin, jour du folstice d'été, parce qu'il se rapproche du nord tous les jours d'une petite quantité : les jours croiffent & les nuits diminuent, parce que les arcs diurnes des

D. Dans quelle situation se trouvent les pôles du monde dans la Sphere oblique?

R. L'un des deux pôles est toujours élevé au-dessus de l'horizon, & toujours visible (1), mais l'autre est perpétuellement au-dessous, c'est-à-dire, invisible, & la hauteur de l'un est toujours égale à l'abaissement de l'autre. Le zénit est hors de l'équateur, ou entre l'équateur & le pôle; il en est de même du nadir.

D. Quand est-ce que la Sphere est *parallele?*

R. La Sphere *parallele* est celle dans laquelle l'équateur est parallele à l'horizon sensible & dans le plan de l'horizon rationel. Elle est telle pour ceux auxquels le pôle céleste sert de zénit (2); mais

---

paralleles deviennent plus considérables; enfin, plus la Sphere est oblique, plus la chaleur diminue, & plus les saisons deviennent inégales.

(1) Le soleil, les étoiles montent obliquement pour les peuples, à l'égard desquels le pôle est élevé au-dessus de l'horizon; c'est-à-dire, qui habitent entre les pôles & l'équateur.

(2) Dans la Sphere parallele, l'équateur & l'horizon se

ces deux parties de la terre font inha‑
bitées & inhabitables à caufe des glaces.

confondent, ce qui fait que toute l'année n'y eft com‑
pofée que d'un feul jour naturel & d'une feule nuit,
qui font de fix mois à‑peu‑près chacun ; tant que le foleil
eft dans les fignes feptentrionaux, le pôle boréal eft éclairé
fans interruption. Tous les paralleles que le foleil décrit
depuis l'équateur jufqu'au tropique du Cancer font au‑
deffus de l'horizon & lui font parallele. Ainfi chaque jour
le foleil fait le tour du Ciel fans changer de hauteur, fans
s'approcher ni s'éloigner de l'horizon du moins fenfible‑
ment. Dès que le foleil, après l'équinoxe d'automne, paffe
dans les fignes méridionaux, il ne paroît plus fur l'ho‑
rizon. Les paralleles qu'il décrit font en entier dans l'hé‑
mifphere inférieur & invifible, & l'on eft fix mois dans
l'obfcurité, en exceptant feulement le crépufcule, qui
commence environ cinquante‑deux jours avant que le
foleil arrive à l'équateur & paroiffe fur l'horizon, & qui
ne ceffe que cinquante‑trois jours après la difparition to‑
tale du difque pôlaire. Il y auroit cependant une petite
différence entre les habitans du pôle boréal & ceux du
pôle auftral, en ce que les premiers verroient le foleil huit
jours de plus que les autres, parce que le foleil, à raifon
de l'alongement de fon orbite, eft huit jours de plus dans
les fignes feptentrionaux que dans les fignes méridionaux,
c'eft l'effet de l'excentricité de l'orbite terreftre, ou de
la différence qu'il y a entre le centre de cette orbite &
le point où eft le foleil.

Chaque jour un habitant du pôle verroit les ombres

DES ZONES.

D. Qu'eſt-ce que les *Zônes?*

R. Les *Zônes* ſont de grandes diviſions du globe formées par les paralleles à l'équateur, au moyen deſquels on partage ſa ſurface en cinq grandes bandes circulaires relatives aux différentes températures du chaud & du froid.

D. Combien y a-t-il de *Zônes?*

R. Cinq ; la Zône torride, les deux Zônes tempérées & les deux Zônes glaciales.

D. Qu'eſt-ce que la Zône torride?

R. La Zône torride, ainſi nommée, à cauſe de l'èxceſſive chaleur qu'on y

---

tourner autour de lui ſans changer de longueur avec une marche uniforme.

Dans la Sphere parallele les étoiles ne ſe couchent jamais, elles ſont toujours à la même hauteur au-deſſus de l'horizon, la moitié du Ciel eſt toujours viſible & les étoiles ſituées dans l'autre hémiſphere ne paroiſſent jamais; les premieres tournent ſans ceſſe au-deſſus, les ſecondes au-deſſous de l'horizon.

éprouve, eft l'efpace compris entre les tropiques. Elle eft féparée en deux parties
par l'équateur (1).

D. Qu'eft-ce que les Zônes tempérées?

R. Ce font celles qui font renfermées
entre les tropiques & les cercles pô-
laires (2).

D. Qu'elles font les Zônes glaciales?

R. Ce font celles qui s'étendent depuis les cercles polaires jufqu'au deux
pôles (3).

---

(1) La Zône torride s'étend à 23 degrés & demi de
part & d'autre de l'équateur. Elle comprend tous les
pays fitués entre les deux tropiques & dans lefquels on
peut voir le foleil au zénit.

(2) Les Zônes tempérées s'étendent à 43 degrés de
chaque tropique, l'une au nord du tropique du Cancer,
l'autre au midi du tropique du Capricorne. Elles comprennent les pays qui n'ont jamais le foleil à leur zénit,
& qui ne le perdent jamais de vue en hiver.

(3) Au-delà de 66 degrés & demi de latitude, il arrive un
temps où l'on ne voit point du tout le foleil aux environs du
folftice d'hiver ; mais auffi l'on y voit cet aftre pendant
les vingt-quatre heures entieres au folftice d'été.

La Zône glaciale arctique eft habitée ; car la Laponie
& la Sibérie en font partie ; le refte n'eft qu'une vafte mer

De la situation des ombres à midi.

D. Qu'est-ce qu'on appelle *Etérosciens ?*

R. Ce font les habitans de chaque Zône tempérée, dont l'ombre à midi est tournée pour les uns vers le pôle arctique, & pour les autres vers le pôle antarctique (1).

D. Qu'appelle-t-on les *Périsciens ?*

R. Ce font ceux dont les ombres tournent en vingt-quatre heures, vers tous les points de l'horizon. Tels font les peuples des Zônes glaciales qui voient leur ombre tourner chaque jour autour d'eux(2).

---

qui s'étend jusqu'au pôle, & qui est en grande partie glacée. La Zône glaciale du midi est encore presque inconnue, & ce que l'on a pu en voir ne renferme qu'une mer presque couverte de glaces.

(1) Dans nos régions septentrionales l'ombre se dirige toujours à midi vers le nord, parce qu'elle est opposée au soleil qui est du côté du midi.

(2) Le soleil ne se couche point pendant un certain temps de l'année pour les habitans des Zônes glaciales; ils voient leur ombre tourner autour d'eux. Lorsque le

D. Qu'eft-ce que les *Amphifciens?*

R. Les Amphifciens font les peuples de la Zône torride, dont les ombres méridiennes font dans une faifon vers le nord, & dans la faifon oppofée vers le fud.

D. Qu'eft-ce que les *Afciens Etérof-ciens?*

R. Ce font ceux dont les ombres font toujours du même côté, & difparoiffent feulement une fois; c'eft-à-dire, le jour où le foleil arrive dans le tropique, fous lequel ces peuples font fitués.

Des Antipodes, des Antæciens & Périæ-ciens.

D. Qu'eft-ce que l'on entend par les *Antipodes!*

R. On entend les peuples qui occu-pent des contrées diamétralement oppo-

---

foleil eft du côté du midi, les ombres vont vers le nord; & lorfqu'il eft du côté du nord, au-deffous du pôle, il rejette l'ombre vers le midi, ainfi du refte.

fées, ou les points qui font d'un côté du globe à l'autre ; en forte que la ligne qui iroit d'un point à l'autre pafferoit néceffairement par le centre de la terre (1).

---

(1) Ainfi les Antipodes font fous des paralleles de l'équateur également éloignés de ce cercle, les uns du côté du midi, les autres du côté du nord ; ils ont le même méridien, mais ils font fous ce méridien à 180 degrés les uns des autres, ou éloignés de la moitié de ce méridien : le mot d'Antipodes veut dire qu'ils ont les pieds oppofés, ou tournés les uns vers les autres.

La ville de Lima au Pérou eft à-peu-près antipode de celle de Siam, dans les Indes Buenos-Aires, au Paraguai, eft antipode de Pekin en Chine, & la nouvelle Zelande, dans la mer du fud, l'eft de l'Efpagne. Paris & tout le refte de l'Europe ont leurs antipodes dans la mer du fud aux environs de la nouvelle Zelande.

Les antipodes ont le même plan pour horizon, l'un voit la face fupérieure du plan, & l'autre la face inférieure ; un aftre fe leve pour l'un quand il fe couche pour l'autre ; le jour le plus long de l'année pour le premier eft le plus court pour le fecond ; l'un a l'hiver quand l'autre a l'été ; ils ont la même différence du printemps avec l'automne, du midi avec le minuit, du matin avec le foir, du jour avec la nuit. Le pôle qui eft abaiffé pour l'un eft élevé pour l'autre ; les étoiles que l'un voit toujours ne paroiffent jamais pour l'autre ; celles qui s'élevent très-peu d'un côté s'abaiffent très-peu de l'autre. Si tous les deux

D. Qu'eſt-ce que les *Antæciens ?*

R. Les Antæciens ſont les peuples, qui, ſans être diamétralement oppoſés, ſont cependant l'un au midi & l'autre au nord de l'équateur ſur le même demi-cercle du méridien, & à des latitudes égales (1).

ſe tournent vers l'équateur, l'un voit les aſtres ſe lever à ſa droite, l'autre les voit ſe lever à ſa gauche. Les antipodes ont le même degré de chaud & de froid ; mais il y a des circonſtances qui peuvent changer, ainſi qu'on l'a déjà dit, l'action de la chaleur ſolaire, ce qui fait ſouvent que des peuples ſitués ſous le même climat ne jouiſſent pas cependant de la même température, la nature du terrein, ou ſon élévation, y apporte des différences.

(1) Ils ont midi & les autres heures au même inſtant les uns que les autres, mais l'hiver des uns a lieu en même temps que l'été des autres, & le printemps des premiers avec l'automne des ſeconds. Les jours des uns ſont égaux aux nuits des autres. Quand les jours croiſſent pour ceux-ci, ils décroiſſent pour ceux-là. Le pôle qui eſt élevé pour les premiers eſt abaiſſé pour les ſeconds de la même quantité. Les étoiles que les premiers voient toujours ne paroiſſent jamais pour les autres, & lorſqu'ils regardent le ſoleil à midi, ils ont la face tournée l'un contre l'autre, à moins que le ſoleil ne ſoit plus éloigné de l'équateur qu'un des deux ſpectateurs.

D.

D. Qu'eft-ce qu'on nomme *Périœciens* ?

R. Ce font ceux qui font fur le même parallele, mais dans des points oppo-fés (1).

DES CLIMATS.

D. Qu'entend-on par *Climats* ?

R. Ce font les parties de la terre comprifes entre deux cercles paralleles à l'équateur, & tellement éloignés l'un de l'autre, qu'il y a une demie heure

---

(1) L'un compte midi, lorfque l'autre a minuit ; mais étant du même côté que l'équateur, ils ont les mêmes faifons, & ils voient les mêmes étoiles refter perpétuel-lement fur l'horizon. Les autres fe levent au même point & à la même diftance de la méridienne, & reftent le même temps fur l'horizon. Le jour de l'équinoxe le fo-leil fe leve pour l'un au moment qu'il fe couche pour l'autre. Quand le foleil eft du côté du pôle élevé, c'eft-à-dire, pendant le printemps & l'été, il fe leve pour l'un avant de fe coucher pour l'autre ; en forte qu'il y a un intervalle de temps pendant lequel les deux Périœ-ciens voient le foleil en même temps. Au contraire, pen-dant l'automne & l'hiver il y a une portion de la nuit commune à tous les deux, c'eft-à-dire, un temps où ni l'un ni l'autre ne voient le foleil.

O

entre les longueurs de leurs plus grands jours (1).

D. Combien compte-t-on de *Climats ?*

R. On en compte vingt-quatre depuis l'équateur jufqu'à chaque cercle polaire. Ce font les climats d'heures. Il y en a fix depuis chaque cercle polaire juf-qu'aux points des pôles ; ce font les cli-mats des mois.

D. Quels font les *Climats d'heures ?*

R. Les Climats d'heures, ou pour par-ler plus correctement, les Climats de demi-heures font des efpaces, à la fin defquels le plus grand jour d'été eft plus long d'une demi-heure qu'à la fin du Climat précédent (2).

----

(1) Afin d'avoir des points fixes d'où l'on pût partir pour déterminer dans chaque pays la longueur du plus grand jour, on a divifé la partie feptentrionale & la partie méridionale du globe, chacune en trente efpeces de zônes ou portions étroites que l'on appelle climats.

(2) Le premier climat d'heure, fuivant les Anciens, qui ne comptoient que fept climats, eft l'efpace compris entre le parallele où le plus long jour d'été a douze heures & trois quarts, où trois quarts-d'heures de plus que fous

D. Quels font les *Climats de mois* ?

R. Ce font ceux qui augmentent réellement le jour d'un mois chacun, c'est-
à-dire les pays où le plus long jour eft
d'un mois, de deux mois & de trois
mois (1).

---

l'équateur, & le parallele où le plus long jour eft de
treize heures & un quart au folftice d'été; ainfi fon étendue renferme tous les pays qui ont entre douze heures
trois quarts & treize heures un quart de jour, & le
milieu a treize heures de jour. Le milieu du fecond climat a treize heures & demi de jour; le milieu du troifieme climat a quatorze heures & demi, il paffe à Rhodes
& à Babylone; le cinquieme a quinze heures, il paffe à
Rome; le fixieme quinze heures & demi, il paffe à Ve-
nife & à Milan; le feptieme a feize heures, il paffe à
Paris, &c. Ainfi, pour connoître la durée du plus long
jour pour un peuple quelconque, il fuffit de favoir dans
quel climat il eft fitué. De même fi l'on fait quel eft le
plus long jour, on faura dans quel climat cela arrive;
mais ces dénominations trop vagues ne font plus ufités
actuellement.

(1) Le premier climat de mois finit à 67 degrés &
demi de latitude, parce que le jour y dure un mois, &
ainfi de fuite, jufqu'au pôle qui termine le fixieme &
dernier climat de mois, parce que le jour y dure pendant
fix mois.

D. D'où les Climats fe prennent-ils?

R. Les Climats fe prennent depuis l'équateur jufqu'aux pôles, & font, comme autant de bandes ou zônes, paralleles à l'équateur. Un Climat n'eft différent de celui qui eft le plus proche de lui, qu'en ce que le plus grand jour d'été eft plus long ou plus court d'une demie heure dans l'un que dans l'autre (1).

---

(1) En difant que les climats donnent la durée du jour, on doit entendre feulement le temps de la préfence du foleil fur l'horizon, ce qui ne borne pas réellement la longueur du jour, puifque la réfraction des rayons du foleil & la lumière des crépufcules contribuent à rendre le jour plus long.

La réfraction eft le changement que les rayons de lumiere éprouvent en paffant par les corps ou fluides tranfparents; les rayons du foleil fe courbent & fe détournent en traverfant l'athmofphere, ce qui fait paroître cet aftre plus élevé au-deffus de l'horizon qu'il ne l'eft réellement. Cette réfraction eft d'un demi degré, égalé par conféquent au diametre même du foleil; ainfi elle eft telle que quand le bord fupérieur du foleil eft véritablement à l'horizon, la réfraction l'éleve affez pour qu'alors fon bord inférieur paroiffe toucher l'horizon, & qu'on voie fon difque en entier.

Il faut environ 4 à 5 minutes dans nos climats pour

D. La température eſt-elle la même dans les pays ſitués ſous le même Climat?

R. Elle n'eſt pas exactement la même, car une infinité de circonſtances, comme les vents, les volcans, le voiſinage de la mer; la poſition & la hauteur des montagnes, des lacs & des forêts ſe compliquent avec l'action du ſoleil, & rendent ſouvent la température très-différente dans les lieux placés ſous le même parallele. Il en eſt de même des Climats placés des deux côtés de l'équateur à diſtances égales. De plus, la chaleur même du ſoleil eſt différente dans les Climats méridionaux. Ils ſont plus près

---

que le ſoleil s'éleve de la quantité d'un demi degré; en ſorte que la dürée du jour, eſtimée par la préſence réelle du ſoleil ſur l'horizon, eſt augmentée d'un demi quart-d'heure par l'effet de la réfraction. Cét effet devient beaucoup plus conſidérable en avançant vers les zônes glaciales ſous les pôles; on a par ce ſeul effet 67 heures de jour plus que l'on n'en auroit ſans cette réfraction.

du foleil que nous dans leur été, & plus loin dans leur hiver (1).

DES EQUINOXES.

D. Qu'entend-on par les *Equinoxes?*

R. Ce font les temps auxquels le foleil fe trouve avoir 41 degrés de hauteur méridienne à Paris, ou à la même hau-

---

(1) L'obliquité plus ou moins grande des rayons du foleil eft la principale caufe de la différence de chaleur dans les différens jours & dans les différens climats. Les rayons du foleil traverfent fort obliquement notre athmofphere en hiver, & par conféquent ils parcourent alors dans l'air groffier qui nous environne un plus grand efpace qu'ils ne font pendant l'été lorfqu'ils tombent plus directement. Ces rayons font plus brifés à midi pendant l'hiver que pendant l'été.

Une autre caufe qui influe fur la viciffitude des faifons & la chaleur des différens climats, c'eft la durée du jour. Paris eft échauffé pat les rayons du foleil pendant feize heures continuelles en été, & ne ceffe de l'être que pendant huit heures ; c'eft tout le contraire en hiver, cela doit produire une grande différence entre notre hiver & notre été. Cependant M. de Mairan & M. de Buffon font perfuadés que la chaleur interne de la terre contribue encore plus que le foleil à nous échauffer en été.

teur que l'Equateur, ce qui arrive deux jours dans l'année, éloignés de fix mois l'un de l'autre. Le temps où le foleil entre dans le point équinoxial du Bélier, eſt appellé l'Equinoxe du printemps, & celui auquel le foleil entre dans le point équinoxial de la Balance, eſt nommé Equinoxe d'automne (1).

D. Pourquoi ces deux jours font-ils nommés Equinoxes?

R. Parce que le foleil décrivant ces jours-là l'Equateur, eſt douze heures au-deſſus de l'horizon & douze heures au-

(1) En remarquant le jour du printemps quelle étoile ou quel point du Ciel paſſe au méridien douze heures après le foleil, ou a minuit à la même hauteur que le foleil, c'eſt-à-dire à la hauteur de l'équateur, on reconnoît le point oppoſé au foleil, c'eſt-à-dire, l'équinoxe du printemps, quand le foleil eſt à l'équinoxe d'automne, & l'endroit où doit ſe trouver le foleil ſix mois après, en traverſant l'équateur dans le point oppoſé. C'eſt ainſi que l'on reconnoît & qu'on remarque dans le Ciel le point équinoxial d'automne, quand le foleil eſt dans celui du printemps, ou dans le point oppoſé ; par-là on apprend à diſtinguer dans le Ciel étoilé ces deux points eſſentiels dans l'Aſtronomie.

O 4

deſſous, c'eſt-à-dire que le jour, dans le temps des Equidoxes, eſt égal à la nuit, ce qui arrive pour l'Equinoxe du printemps à la fin de l'hiver, vers le 20 de Mars, & pour l'Equinoxe d'automne à la fin de l'été, vers le 22 Septembre (1).

---

(1) Depuis l'équinoxe du printemps juſqu'à celui d'automne les jours ſont plus grands que les nuits ; c'eſt le contraire depuis l'équinoxe d'automne juſqu'à celui du printemps.

Comme le mouvement du ſoleil eſt inégal, c'eſt-à-dire, tantôt plus vîte, tantôt plus lent, il arrive qu'il y a environ huit jours de plus de l'équinoxe du printemps à l'équinoxe d'automne, que de l'équinoxe d'automne à celui du printemps, le ſoleil emploie actuellement 186 jours 11 heures 49 minutes à parcourir les ſignes ſeptentrionaux, & 178 jours 18 heures 5 minutes à parcourir les méridionaux. La différence eſt de ſept jours 17 heures 44 minutes ; donc il eſt plus long-temps dans notre hémiſphere boréal que dans l'autre.

Le ſoleil s'avançant toujours dans l'écliptique, & gagnant un degré par jour, ne s'arrête pas dans les points des équinoxes, mais au moment qu'il y arrive il les quitte, il n'y a qu'un ſeul inſtant qu'on appelle le moment de l'équinoxe. Les points des équinoxes & les autres points de l'écliptique ſe meuvent lentement d'orient en occident

DES SOLSTICES.

D. Qu'entend-on par *Solstice?*

R. Le *Solstice* est le temps où le soleil est dans un des points solsticiaux, c'est-à-dire, où il est dans sa plus grande distance de l'équateur, qui est d'environ 23 degrés & demi. Le soleil, quand il est proche du Solstice, paroît avoir à-peu-prés la même hauteur méridienne pendant quelques jours, avant & après le Solstice, comme si le soleil restoit dans le même parallele à l'équateur.

D. Quand arrivent les *Solstices?*

R. Le Solstice d'été arrive quand le soleil est dans le tropique du Cancer, ce qui tombe le 21 Juin, temps auquel les jours sont les plus longs de l'année dans nos régions septentrionales. Le solstice d'hiver arrive quand le soleil entre dans

---

contre l'ordre des signes par rapport aux étoiles. Ce mouvement rétrograde des points équinoxiaux, est appellé *précession* des équinoxes ; il est de 50 secondes par année.

le premier degré du Capricorne, ce qui arrive vers le 21 Décembre, quand il commence à revenir vers nous, & que les jours font plus courts (1).

DU CRÉPUSCULE.

D. Qu'eſt-ce que le *Crépuſcule* ?

R. C'eſt cette lumiere douce & tranquille que l'on voit s'augmenter peu à peu avant le lever du ſoleil & diminuer le ſoir quand le ſoleil eſt couché, pendant le temps que cet aſtre eſt à moins de 18 degrés au-deſſous de l'horizon.

D. Qu'eſt-ce qui cauſe le *Crépuſcule* ?

R. Le Crépuſcule eſt cauſé par la diſperſión que ſouffrent les rayons du ſo-

---

(1) Cela doit s'entendre ſeulement pour notre hémiſphere ſeptentrional ; car pour l'hémiſphere méridional, l'entrée du ſoleil dans le Capricorne fait le ſolſtice d'été, & ſon entrée dans le Cancer fait le ſolſtice d'hiver. Les points des ſolſtices ſont les points de l'écliptique vers leſquels le ſoleil ceſſe de monter ou de deſcendre en s'éloignant de l'équateur, mais au-delà deſquels il ne va point. Les points des ſolſtices ſont diamétralement oppoſés l'un à l'autre, & ils ſont à 90 degrés des équinoxes.

léil dans la maffe de l'air qui les réfléchit de toutes parts (1).

D. Le Crépufcule dure-t-il également par-tout?

R. Non, le Crépufcule dure toute la nuit au mois de Juin à Paris, & dans les pays qui ont plus de 48 degrés & demi de latitude (2), tandis que fous les pôles le Crépufcule feroit de fept fe-

---

(1) Comme la lumiere ne fe répand que felon lés lignes droites tout le temps que le foleil eft fous l'horizon, fes rayons ne peuvent point toucher la terre, mais feulement l'athmofphere qui eft plus élevé, & l'air qui reçoit ces rayons les renvoie fur la terre, les uns par réfraction, & les autres par réflexion.

(2) Quand la déclinaifon du foleil & l'abaiffement de l'équateur fous l'horizon font tels que le foleil ne defcend pas de 18 degrés au-deffous de l'horizon, le crépufcule doit durer toute la nuit; c'eft pour cela que dans nos climats au folftice d'été nous n'avons pour ainfi dire point de nuit, & que dans les climats feptentrionaux il n'y en a point du tout, quoique le foleil foit fous l'horizon; c'eft ce qui arrive quand la différence, entre la hauteur ou l'abaiffement de l'équateur & la déclinaifon boréale du fo-leil, eft plus petite que 18 degrés.

maines; en forte que la durée des ténè-
bres, pour ce point-là, y eſt diminué
de 14 femaines, par l'effet des Crépuſcules qui ont lieu fans que le foleil y
paroiffe fur l'horizon. Il y a dans chaque
endroit du monde un jour de l'année où
le Crépuſcule eſt le plus court poſ-
fible.

D. Les Crépuſcules font-ils égaux dans
toutes les faifons, en fuppofant l'a-
baiffement du foleil de la même quantité ?

R. Non, on croit que les Crépuſcules
d'hiver font un peu moins longs que
ceux d'été, parce que l'hiver l'air étant
plus condenſé, doit avoir moins de hauteur, ce qui doit faire que les Crépuſcules
finiffent plutôt. C'eſt le contraire en été.
De plus, les Crépuſcules du matin peuvent être un peu plus courts que ceux
du foir; car l'air eſt plus denfe le matin
que le foir, parce que la chaleur du
jour le dilate & le raréfie, & par confé-

quent augmente fon volume & fa hauteur (1)

D. Quand arrive le *Crépufcule?*

R. Le Crépufcule commence lorfque les petites étoiles , celles de la
fixieme grandeur difparoiffent le matin,
il finit quand elles commencent à paroître le foir, la lumiere du foleil, dont
l'air eft pénétré , étant le feul obftacle

---

(1) Quand les exhalaifons répandues dans l'athmofphere,
font plus abondantes & plus hautes qu'à l'ordinaire, le
crépufcule du matin doit commencer un peu plutôt, &
celui du foir doit finir plus tard que de coutume ; car
plus les exhalaifons feront abondantes, plus il y aura de
rayons réfléchis ; par conféquent plus la lumiere fera
grande, & plus les exhalaifons feront hautes , plus elles
feront éclairées de bonne heure par le foleil , à quoi l'on
peut ajouter que quand l'air eft plus denfe, la réfraction
eft plus grande. Dans la Sphere droite, c'eft-à-dire pour
les habitans de l'équateur, les crepufcules font plus courts
que par-tout ailleurs , parce que le foleil defcend perpendiculairement au-deffous de l'horizon , & que par conféquent il eft moins de temps à s'abaiffer de 18 degrés fous
l'horizon.

qui les empêche de paroître (1).

---

(1) Le crépufcule eft un des principaux avantages que nous retirons de notre athmofphere. En effet, fi nous n'avions point d'athmofphere autour de nous, la nuit viendroit dès que le foleil fe cacheroit fous notre horizon, où le jour naîtroit dès que cet aftre reparoîtroit, & nous pafferions ainfi tout d'un coup des ténebres à la lumiere, & de la lumiere aux ténebres; l'athmofphere dont nous fommes environnés fait que le jour & la nuit ne viennent que par des degrés infenfibles.

USAGES
DU GLOBE CÉLESTE.

L'USAGE de cet inftrument confifte
à mettre fous les yeux toutes les cir-
conftances & les variétés des mouvemens
céleftes, fur-tout à réfoudre les queftions
de l'Aftronomie fphérique.

Les points principaux font contenus
dans les problêmes fuivans, qui mettront
nos Lecteurs en état d'étendre à d'autres
cas, l'ufage qu'on peut faire de ce Globe.

*Trouver l'afcenfion droite & la déclinaifon
d'une étoile repréfentée fur la furface
du Globe.*

Portez l'étoile fous le méridien immobile où font marqués les degrés ; alors
le nombre de degrés compris entre l'é-
quateur, & le point du méridien, fous

lequel eſt l'étoile, donne ſa déclinaiſon; & le degré de l'équateur, qui, ſous le méridien, ſe rencontre avec l'étoile, marque ſon aſcenſion droite. Ainſi, conduiſant ſous le méridien la derniere étoile de la queue de la grande ourſe, on verra qu'elle eſt à ſo degrés 24 minutes de l'équateur, & qu'elle y répond à 204 degrés 45 minutes d'aſcenſion droite, en 1783.

Trouver la longitude & la latitude d'une étoile.

Je ſuppoſe qu'on ait avec le Globe un quart de cercle mobile, qui ſert à y meſurer les hauteurs, on applique au pôle de l'écliptique l'extrêmité du quart de cercle dans l'hémiſphere où eſt l'étoile; on porte ſur l'étoile le côté où ſont marqués les degrés, celui que l'on voit ſur le quart de cercle, à l'endroit de l'étoile, eſt ſa latitude, à compter depuis l'écliptique; & le degré de l'écliptique, coupé

par

par le quart de cercle, eſt la longitude de l'étoile.

Pour que le quart de cercle demeure pendant cette opération bien fixé aux pôles de l'écliptique par une de ſes extrêmités, il ne ſeroit pas mal d'attacher aux pôles de l'écliptique une eſpece de ſtyle, ſur lequel on placeroit un trou pratiqué à l'un des bouts du quart de cercle. On peut cependant très-bien ſe paſſer de ce quart de cercle, en coupant une bande de carton égale à un quart de la circonférence du Globe; on la diviſe en 90 degrés, & on l'applique ſur le Globe quand on veut y meſurer des hauteurs.

Trouver le lieu du ſoleil dans l'écliptique.

Cherchez le jour du mois dans le Calendrier gravé ſur l'horizon du Globe, vous y verrez dans le cercle des ſignes quel eſt le degré que le ſoleil occupe ce jour-là, & qui ſe trouve vis-à-vis le jour du mois. Cela fait cherchez le même ſigne ſur l'écliptique à la ſurface du

P.

Globe ; c'eſt le lieu du ſoleil pour ce jour-là.

Trouver la déclinaiſon du ſoleil.

Le lieu du ſoleil, pour le jour donné, étant marqué ſur le Globe & porté ſous le méridien, les degrés du méridien, compris entre l'équateur & le degré du ſoleil, marquent la déclinaiſon du ſoleil pour ce jour-là.

Trouver le lieu d'une planete avec ſon aſ-
cenſion droite, ſa déclinaiſon & ſa lati-
tude pour un temps donné.

Il faut prendre dans une éphéméride, ou dans le *Calendrier de la Cour* ; la lon-gitude de la planete pour ce jour-là, car le calcul en eſt difficile.

Appliquez une des extrémités du quart de cercle de hauteur à celui des pôles de l'écliptique, qui a la même dénomi-nation que la latitude de la planete ; c'eſt-à-dire, au pôle ſeptentrional, ſi la latitude de la planete eſt ſeptentrio-nale ; au pôle méridional, ſi la lati-

tude eſt méridionale : & portez le quart
de cercle au degré de longitude donné
dans l'écliptique ; comptez autant de degrés qu'il y en a dans la latitude de la
planete, vous aurez le lieu de la planete
dans le Ciel ; vous y ferez une marque,
& en le portant ſous le méridien, vous
trouverez l'aſcenſion droite & la déclinaiſon de la planete, comme on l'a déjà
enſeigné pour les étoiles.

*Diſpoſer le Globe, ou rectifier le Globe ;
c'eſt-à-dire, le placer de ſorte qu'il re-
préſente l'état actuel ou la ſituation des
Cieux, pour quelqu'endroit que ce ſoit,
comme pour Paris.*

1°. Si le lieu propoſé à une latitude
géographique ſeptentrionale, élevez le
pôle ſeptentrional au-deſſus de l'horizon,
juſqu'à ce que l'arc compris entre le pôle
& l'horizon ſoit égal à l'élévation donnée du pôle ; c'eſt-à-dire, par exemple,
que pour Paris il faudra élever le pôle
ſeptentrional de 48 degrés 50 minutes

au-deſſus de l'horizon. De cette maniere, le lieu dont il s'agit ſe trouvera au zénit ou à l'endroit le plus élevé du Globe. Cette attention eſt néceſſaire dans la plupart des problêmes.

2°. Attachez au zénit le quart de cercle de hauteur, en le mettant au point qui marque la latitude du lieu.

3°. Par le moyen d'une bouſſole ou d'une ligne méridienne, placez le Globe de maniere que le méridien immobile de bois ou de cuivre ſe trouve dans le plan du méridien terreſtre.

4°. Portez ſous le méridien le degré de l'écliptique où eſt le ſoleil, & mettez ſur 12 heures l'aiguille horaire de la roſette ou du cadran qui eſt au pôle du Globe, alors le Globe repréſentera l'état des cieux pour ce jour-là à midi.

5°. Tournez le Globe juſqu'à ce que l'aiguille vienne à marquer quelqu'autre heure donnée, & pour lors le Globe repréſentera l'état des cieux pour cette heure-là ; ainſi, le premier Juin , à dix heures du foir, vous trouverez Arcturus, ou la belle étoile du Bouvier, dans le méridien, la Lyre à l'orient, le Cœur de Lion à l'occident, la Chevre du côté du nord, ces étoiles remarquables feront connoître fi l'on a bien opéré.

Connoître & diftinguer dans le Ciel toutes les étoiles par le moyen du Globe.

1°. Ajuftez le Globe à l'état du Ciel pour le jour & l'heure.

2°. Cherchez fur le Globe les principales étoiles; par exemple, celles que nous venons d'indiquer, & en levant les yeux de deffus le Globe vers le Ciel, vous n'aurez point de peine à y remarquer ces étoiles, en voyant le point du Ciel qui répond perpendiculairement à chaque point de votre Globe.

Si vous cherchez le lieu des planetes fur le Globe de la maniere expliquée ci-deffus, vous pourrez les reconnoître également dans le Ciel, & les diftinguer des étoiles de la premiere grandeur;

mais les étoiles ont toujours plus de fcin-
tillation ou de mouvement dans leur lumiere que les planetes.

*Trouver l'afcenfion oblique du foleil, fon
amplitude orientale , fon azimut, & le
temps de fon lever ou de fon coucher.*

1°. Difpofez le Globe de maniere que
le lieu du foleil fe trouve fous le méridien, & que l'aiguille marque 12 heures;
enfuite portez le lieu du foleil vers le côté
oriental de l'horizon ; pour lors le nombre de degrés, compris entre le degré de
l'équateur, qui fe trouve être à l'horizon,
& le commencement du Bélier, eft l'afcenfion oblique du foleil.

2°. Les degrés de l'horizon, compris
entre fon point oriental & le point où
eft le foleil, marquent l'amplitude ortive.

3°. L'heure marquée par l'aiguille eft
le temps du lever du foleil.

Pour trouver l'azimut du foleil, il faut
d'abord obferver que ces azimuts chan-

gent felon l'heure & felon le lieu du foleil. C'eft pourquoi il faut d'abord dif-pofer le Globe felon la hauteur du pôle du lieu où l'on eft; enfuite il faut trou-ver le lieu du foleil dans l'écliptique, le mettre fous le méridien, & l'aiguille horaire fur 12 heures ; & après avoir attaché le quart de cercle de hauteur au zénit, on tourne le Globe jufqu'à ce que le ftyle ou l'aiguille horaire foit fur l'heure donnée ; & le Globe demeurant dans cet état, on tourne le quart de cercle de hauteur jufqu'à ce qu'il foit fur le lieu du foleil, ou fur le degré de l'écliptique que le foleil occupe ce jour-là ; on compte fur l'horizon la diftance comprife entre le méridien & le degré, où le quart de cercle de hauteur rencontre l'horizon, cette diftance donne l'azimut cherché.

Suppofant, par exemple, que le lieu du foleil foit au dix-huitieme degré du Taureau, comme il l'eft le 8 Mai, on trouvera, pour la latitude de Paris, que

l'azimut du foleil , à 9 heures 30 minutes du matin , eſt de 57 degrés.

La même opération fera connoître la
hauteur du foleil , en comptant ſur le
quart de cercle de hauteur le nombre
de degrés , compris entre l'horizon & le
lieu du foleil.

*Trouver la defcenfion oblique du foleil ,
fon amplitude occidentale , & le temps
de fon coucher.*

La folution de ce problême eſt la
même que celle du précédent , excepté
que le lieu du foleil doit être porté ici
vers le côté occidental de l'horizon.

*Trouver l'heure du lever & du coucher des
fignes.*

Vous voulez favoir , par exemple , à
quelle heure s'éleve le figne du Scorpion,
quand le foleil eſt au premier degré du
Bélier ; mettez celui-ci fous le méridien,
& l'aiguille horaire ſur 12 heures ; puis
tournez le Globe juſqu'à ce que le pre-

mier degré du Scorpion foit dans l'horizon oriental, alors l'aiguille horaire montrera l'heure du lever du Scorpion; & fi vous tranfportez ce même degré dans l'horizon occidental, vous verrez l'heure du commencement de fon coucher marquée par l'aiguille de la rofette.

Trouver la longueur du jour & de la nuit.

1°. Cherchez le temps du lever du foleil, lequel étant compté depuis minuit, le double vous donne la longueur de la nuit.

2°. Otez la longueur de la nuit du jour entier ou de 24 heures, le refte eft la longueur du jour.

Trouver les deux jours de l'année auxquels le foleil fe leve à une heure donnée.

Difpofez d'abord le Globe felon l'élévation du pôle du lieu; enfuite mettez le folftice d'été ou premier point du Cancer fous le méridien & le ftyle fur 12

heures ; puis tournez le Globe du côté
de l'orient jufqu'à ce que le ftyle horaire foit fur l'heure donnée, par exemple cinq heures ; marquez fur le colure
des folftices le point où il coupe l'horizon ; c'eft le point où il faudroit que le
foleil fût pour fe lever à 5 heures : mais
il fe levera à la même heure quand il
aura la même déclinaifon ; tranfportez
donc ce même point fous le méridien,
afin de voir qu'elle eft fa déclinaifon ; &
remarquez en même temps quéls font les
degrés de l'écliptique qui paffent fous le
méridien à ce même degré de déclinaifon.
Ces degrés font ceux où le foleil fe
trouvera dans les jours cherchés, & l'on
trouvera ces jours dans le cercle du Calendrier tracé fur l'horizon, où les degrés de l'écliptique correfpondent aux
jours des mois.

Trouver le lever & le coucher d'une étoile, son séjour au-dessus de l'horizon, & son passage au méridien par rapport à quelque lieu, & pour un jour donné, comme aussi son ascension oblique, sa descension; son amplitude orientale & occidentale.

1°. Disposez le Globe à la hauteur du pôle. Mettez le lieu du soleil pour le jour donné au méridien, & l'aiguille de la rosette à douze heures.

2°. Portez l'étoile au côté oriental de l'horizon, vous verrez sur les degrés de l'horizon son amplitude orientale, & sur la rosette le temps de son lever, comme on l'a déjà fait voir en parlant du soleil.

3°. Portez la même étoile au côté occidentale de l'horison, & vous trouverez sur l'horizon l'amplitude occidentale, & sur le cadran le temps du coucher de l'étoile.

4°. Le temps du lever étant souftrait de celui du coucher, le reste donne le féjour de l'étoile au-deffus de l'horizon.

5°. Ce féjour au-deffus de l'horizon étant fouftrait de 24 heures, le refte donne le temps de fon féjour au-deffous de l'horizon.

6°. Enfin, l'heure marquée par l'aiguille, lorfque l'étoile eft fous le méridien, marque le temps du paffage au méridien, ou de la culmination de l'étoile.

Trouver l'azimut & la hauteur d'une étoile à quelqu'heure donnée.

Mettez le lieu du foleil fous le méridien & l'aiguille horaire fur 12 heures; enfuite tournez le Globe vers l'orient ou vers l'occident, en forte que l'aiguille foit fur l'heure donnée; & le Globe demeurant ferme en cet état, vous tournerez le quart de cercle de hauteur jufqu'à ce qu'il touche l'étoile, le degré qui fera fur l'étoile fera celui de la hauteur demandée; & fi vous comptez les degrés de l'horizon compris entre le point du midi & le vertical, vous aurez l'azimut d'une étoile.

La hauteur du soleil pendant le jour, ou d'une étoile pendant la nuit, étant donnée, trouver le temps ou l'heure qu'il est.

Ce problême est utile pour ceux qui, n'ayant point de cadran, veulent savoir l'heure qu'il est après avoir observé la hauteur du soleil & d'une étoile au-dessus de l'horizon, avec un petit quart de cercle ou par la longueur de l'ombre d'un style vertical.

1°. Disposez le Globe & l'aiguille comme dans le problême précédent.

2°. Tournez le Globe & le quart de cercle du Globe jusqu'à ce que l'étoile ou le degré où est le soleil, coupe le quart de cercle du Globe dans le degré donné de hauteur, pour lors l'aiguille marquera l'heure que vous cherchez.

L'azimut du soleil ou d'une étoile étant donné, trouver l'heure du jour ou de la nuit.

Disposez le Globe, & portez le quart

de cercle à l'azimut donné dans l'horizon ; tournez le Globe jusqu'à ce que l'étoile y foit arrivée, pour lors l'aiguille marquera le temps que vous cherchez.

Trouver l'intervalle de temps qu'il y a entre les levers de deux étoiles , ou entre leurs passages au méridien.

1°. Elevez le pôle du Globe d'autant de degrés au-deffus de l'horizon, que le demande l'élévation du pôle du lieu où vous êtes.

2°. Portez la premiere étoile fur l'horizon , & obfervez l'heure marquée par l'aiguille de la rofette.

3°. Faites la même chofe pour la feconde étoile, & pour lors, en déduifant le premier temps du fecond , le refte donne l'intervalle entre les deux levers, & en plaçant fucceffivement les deux étoiles dans le méridien , vous trouverez l'intervalle qu'il y a entre les deux paffages.

Trouver le commencement & la fin du crépuscule.

1°. Difpofez le Globe & placez l'aiguille fur 12 heures , le lieu du foleil étant dans le méridien.

2°. Marquez le point de l'écliptique diamétralement oppofé au lieu du foleil, & tournez le Globe vers l'occident , auffi-bien que le quart de cercle des hauteurs, jufqu'à ce que le point oppofé au lieu du foleil coupe le quart de cercle dans le dix-huitieme degré au-deffus de l'horizon ; pour lors le lieu du foleil fera de 18 degrés au-deffous , & l'aiguille marquera le temps où commence le crépufcule du matin ; on fe fert du point oppofé au foleil, parce que le quart de cercle ne fauroit fe placer commodément au-deffous de l'horizon.

3°. Ce point oppofé au foleil étant porté dans l'hémifphere oriental , tournez-le jufqu'à ce qu'il fe rencontre avec le quart de cercle au dix-huitieme degré de hauteur, pour lors l'aiguille marquera le temps où finit le crépufcule du foir.

Nous avons obfervé qu'en été le foleil à Paris ne defcend pas jufqu'à 18 degrés, même à minuit, ainfi le crépufcule ne finit point.

USAGES

USAGES

DU GLOBE TERRESTRE.

Trouver la longitude & la latitude de quelque lieu de la terre marqué sur le Globe.

PORTEZ le lieu sous le méridien où sont marqués les degrés, le point correspondant du méridien, à compter de l'équateur, est sa latitude ; & le degré de l'équateur qui se trouve en même temps sous le méridien, est sa longitude géographique.

La longitude & la latitude étant données, trouver le lieu sur le Globe.

Cherchez sur l'équateur le degré donné de longitude, & portez-le sous le méridien ; pour lors comptez depuis l'équateur sur le méridien le degré de latitude

Q

donné vers le pôle feptentrional , fi la
latitude eft feptentrionale , ou vers le
pôle méridional , fi la latitude eft méridionale ; le point où finiront les degrés marquera le lieu que vous cherchez.

Trouver les antéciens , les périciens & les
antipodes d'un lieu donné.

1°. Portez ce lieu fous le méridien,
& comptez les degrés de fa latitude fur
le méridien depuis l'équateur vers l'autre
pôle ; le point où vous vous arrêterez eft
le lieu des antéciens.

2°. Remarquez le degré du méridien
répondant au lieu donné & à fes antéciens, & tournez le Globe jufqu'à ce
que le degré oppofé de l'équateur fe
trouve fous le méridien, ou, ce qui revient au même, jufqu'à ce que l'aiguille
qui marquoit auparavant 12 heures en
haut, les marque en bas : pour lors le
lieu qui répond au premier degré eft celui
des périciens, & le lieu qui répond à

l'autre degré eſt celui des antipodes.

Trouver à quel lieu de la terre le ſoleil eſt
vertical dans un lieu donné.

1º. Le lieu du ſoleil , dans l'écliptique , étant porté ſous le méridien ,
mettez l'aiguille ſur 12 heures ; remarquez en même temps le degré du méridien qui répond au ſoleil.

2º. Si l'heure donnée eſt avant midi,
il la faut déduire de 12 heures , alors
tournez le Globe vers l'occident juſqu'à
ce que l'aiguille marque les heures reſ-
tantes , pour lors le lieu qui a le ſoleil à ſon zénit ſe trouvera ſous le
point du méridien que l'on a déjà marqué.

3º. Si c'eſt une heure de l'après-midi,
tournez le Globe de la même maniere
vers l'occident juſqu'à ce que l'aiguille
marque l'heure donnée ; pour lors vous
trouverez auſſi le lieu que vous cherchez ſous le point du méridien marqué
auparavant par le lieu du ſoleil.

Si vous marquez en même temps tous

les lieux qui se trouvent sous la même
moitié du méridien, où est le lieu trouvé,
vous connoîtrez tous les lieux où il est
alors midi ; & la moitié opposée du méridien vous fera connoître tous les lieux
où il est alors minuit.

Un lieu étant donné dans la Zône torride,
trouver les deux jours de l'année où le
soleil passe au zénit.

1°. Portez le lieu donné sous le méridien, & marquez le degré du méridien
qui y répond.

2°. Tournez le Globe, & marquez les
deux points de l'écliptique, lesquels
passent sous ce même degré du méridien,
ou qui ont cette même déclinaison.

3°. Cherchez quel jour le soleil se
trouve dans ces points de l'écliptique ;
c'est dans ces jour-là que le soleil est vertical à midi au lieu donné.

Trouver dans la Zône torride les lieux auxquels le soleil est vertical, un jour donné.

Portez sous le méridien le lieu du soleil dans l'écliptique pour ce jour - là ; marquez sur le méridien le lieu auquel il répond; tournez ensuite le Globe, & marquez tous les lieux qui passent sous ce point du méridien : ce sont-là les lieux que vous cherchiez.

Trouver le temps où le soleil se leve pour ne se plus coucher, ou se couche pour ne se plus lever, dans les Pays situés au-delà des cercles polaires.

Soit supposée l'élévation du pôle de 80 degrés. Il faut d'abord considérer que dans cet exemple, il s'en faut de dix degrés que le pôle ne soit tout - à - fait au point le plus haut du Ciel, & l'équateur, du côté du nord, est abaissé de dix degrés ; ainsi ces dix degrés étant pris dans la déclinaison septentrionale, le soleil

Q 3

sera sur l'horizon à minuit ; il faut tourner le Globe jusqu'à ce que quelqu'un
des degrés de l'écliptique de la partie
du printemps, ou avant le solstice, passe
sous le dixieme degré de déclinaison pris
au méridien, lequel sera en cet exemple
le vingt-sixieme degré du Bélier auquel
répond le quinzieme jour d'Avril, ce
sera le temps du lever perpétuel du soleil à 80 degrés de latitude.

Pour savoir le temps de son coucher,
il faut remarquer que le degré de l'écliptique de la partie de l'été, ou après le
solstice, passera au méridien sous ce
dixieme degré de déclinaison ; & l'on
trouvera le cinquieme degré de la Vierge,
auquel le soleil se trouve le 26 Août,
qui sera le temps du coucher du soleil
à 80 degrés de hauteur du pôle.

Autrement on peut voir quels sont les
deux degrés de l'écliptique, qui, par la
révolution du Globe, ne se couchent
point, le Globe étant disposé à la latitude de 80 degrés ; & on trouvera qu'en

cet exemple, c'eft le vingt-fixieme degré du Bélier & le cinquieme de la Vierge, auxquels répondent le 15 Avril & le 26 d'Août.

Trouver la longueur du plus long jour fous les Zônes glaciales.

Par exemple, fi l'on veut favoir la durée du plus long jour à 80 degrés de latitude, on trouvera que le foleil s'y leve le 15 d'Avril, pour ne fe coucher que le 26 d'Août ; on en trouve 133, qui eft la durée du temps que le foleil demeure fur l'horizon en cet endroit de la zône froide. Si l'on réduit ces jours en mois, en les divifant par 30, il viendra quatre mois & 13 jours pour la longueur de ce jour continu, ou de cette apparition du foleil ; la durée de la plus longue nuit eft à-peu-près égale, & peut fe trouver de même en prenant dix degrés de déclinaifon méridionale.

Q 4

Trouver dans la Zône glaciale la latitude
des lieux où le soleil ne se couche point
pendant un certain nombre de jours don-
nés, par exemple 133 jours.

1º. Comptez depuis le tropique le plus
voisin en allant vers le point équinoxial,
autant de degrés sur l'écliptique qu'il y
a d'unités dans la moitié du nombre des
jours des mois , c'est ici 66 & demi ,
parce que le soleil, par son mouvement
annuel, parcourt à-peu-près un degré par
jour.

2º. Portez le point de l'écliptique ainsi
trouvé sous le méridien ; sa distance
au pôle se trouvera de 80 degrés, c'est
l'élévation du pôle, ou la latitude cherchée du lieu où le soleil paroît pendant
133 jours consécutifs, abstraction faite de
la réfraction.

Trouver la latitude des lieux où pour un
quantieme d'un mois donné, le jour est
d'une certaine longueur donnée.

1º. Portez sur le méridien le lieu de

l'écliptique où le foleil fe trouve le jour donné , & mettez l'aiguille fur douze heures.

2°. Tournez le Globe jufqu'à ce que l'aiguille marque l'heure du lever ou du coucher.

3°. Elevez ou abaiffez le pôle , fans que le Globe tourne fur fon axe , jufqu'à ce que le lieu du foleil paroiffe dans le côté oriental ou occidental de l'hôrizon ; pour lors le pôle aura l'élévation cherchée , & par conféquent il donnera la latitude demandée.

Une heure du jour ou de la nuit étant donnée , trouver tous les lieux où le foleil fe leve & fe couche, où il eft midi ou minuit , & ceux où il fait jour ou nuit.

1°. Cherchez le lieu du foleil ce jour-là , & le point de la terre auquel le fo-foleil eft vertical à l'heure donnée, de la maniere expliquée ci-deffus.

2°. Portez ce lieu au zénit, c'eft-à-dire, élevez le pôle à la hauteur que demande la latitude du lieu trouvé, & mettez le lieu sous le méridien, & alors les pays qui se trouveront du côté oriental de l'horizon, seront ceux où le soleil se couche. Les lieux qui seront à l'occident auront le soleil levant. Les lieux qui se trouveront sous le demi-cercle supérieur du méridien seront ceux où il sera midi ; & les lieux qui se trouveront sous le demi-cercle inférieur, seront ceux où il sera minuit. Enfin, dans les lieux qui se trouveront dans l'hémisphere supérieur, il fera jour ; & il fera nuit dans ceux de l'hémisphere inférieur.

Trouver à quels endroits de la terre une planete, par exemple la lune, est verticale un jour donné.

1°. marquez le lieu de la planete sur le Globe, comme il est dit ci-dessus, en prenant sa longitude & sa latitude dans une éphéméride.

2°. Portez ce lieu sous le méridien,

& marquez-y le degré de déclinaifon où la lune répond.

3°. Faites tourner le Globe, & les lieux qui pafferont fous ce point du méridien, feront ceux que vous cherchez.

La déclinaifon d'une étoile ou de quelque autre aftre étant donnée, trouver à quelle partie de la terre l'aftre eft vertical.

Comptez fur le méridien, depuis l'équateur vers le pôle, un nombre de degrés égal à la déclinaifon donnée : favoir, vers le nord, fi la déclinaifon eft feptentrionale ; & vers le midi, fi elle eft mérionale. Enfuite tournant le Globe, les lieux qui pafferont par l'extrémité de cet arc fous le méridien, font les lieux que l'on cherche, & l'aftre y paffera au zénit de chacun, par le mouvement diurne.

Déterminer le lieu qui voit une étoile, ou autre corps célefte à fon zénit, pour une certaine heure donnée au méridien de Paris.

Par exemple, le lieu qui voit *Sirius*,

la plus belle étoile du Ciel, a son zénit le premier Janvier à 6 heures du soir, comptées au méridien de Paris.

Cette étoile ayant 16 degrés 26 minutes de déclinaison australe, c'est la latitude du lieu cherché.

Portez sous le méridien le lieu où le soleil est le premier Janvier, & mettez l'aiguille sur midi, marquez sur votre Globe terrestre le lieu de *Sirius* par sa longitude & sa latitude, ou par son ascension droite & sa déclinaison prises sur le Globe céleste; conduisez cette étoile sous le méridien, l'aiguille marquera la différence de temps entre le passage du soleil & celui de l'étoile au méridien du lieu; c'est onze heures trois quarts dans notre exemple.

Marquez le point du méridien qui répond au lieu de l'étoile, & qui a 16 degrés 25 minutes de latitude.

Cherchez en quels lieux de la terre il est midi dans ce temps-là, ce sont ceux qui sont à 90 degrés à l'occident de Paris, conduisez-les sous le méridien, & mettez l'aiguille sur 12 heures.

Tournez le Globe vers l'occident jusqu'à ce que l'aiguille ait passé tout l'intervalle de temps qu'il y a entre les passages du soleil & de l'étoile, c'est ici 11 heures trois quarts, & pour lors vous trouverez le lieu cherché à 87 degrés à l'orient de Paris, ou à 107 degrés de longitude géographique comptée du premier méridien des îles Canaries sous le point que vous avez marqué sur le méridien, à 16 degrés de latitude australe. Il tombe dans le milieu de la mer des Indes.

Par un moyen semblable, vous pouvez trouver dans quel lieu une étoile ou autre phénomène se leve ou se couche au temps donné.

Placer le Globe de maniere, que sous une latitude donnée, le soleil éclaire sur le Globe les mêmes régions qu'il éclaire actuellement sur la terre.

Disposez le Globe suivant la latitude

du lieu ; portez ce lieu fous le méridien, & placez le Globe du nord au fud par le moyen de la bouffole ; pour lors, comme le Globe fera dans la même fituation que la terre, par rapport au foleil, celui-ci éclairera fur le Globe les mêmes parties qu'il éclaire actuellement fur la terre ; fi on fait cette opération la nuit, la lune éclairera auffi la même partie fur le Globe qu'elle éclaire alors fur la terre.

On peut trouver auffi les lieux où le foleil & la lune fe levent & fe couchent au temps donné, en fuivant des procédés analogues à ceux que nous venons d'expliquer.

Trouver, par le moyen du Globe, de combien de lieues deux endroits quelconques font éloignés l'un de l'autre.

Prenez avec le compas la diftance des lieux donnés, & portez-la fur l'équateur ; les degrés que cette diftance donnera fe réduiront en lieues, à raifon de 20 lieues marines pour un degré , ou de 25 lieues communes , ou en petites lieues de poftes ; à raifon de 28 $\frac{1}{2}$ par degré.

On peut faire la même chofe fans com-pas, en étendant fur les deux lieux le bord du quart de cercle où font marqués les degrés , & en comptant les degrés qui y font compris.

Fin du Tome premier.

TABLE

Des Chapitres du Tome premier.

LIVRE PREMIER.

R

LIVRE SECOND.

LIVRE TROISIEME.

LIVRE QUATRIEME.

Fin de la Table du Tome premier.

Fig. 1.e

Ligne droite.

A —————————— B

Fig. 2.e

Ligne Courbe

C —————————— D

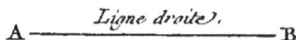
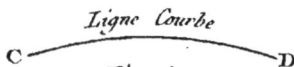

Fig. 3.e

Mixte

E Ligne

G

Fig. 4.e

Plusieurs Lignes Courbes
tirées des mêmes points.

A C B
D
E

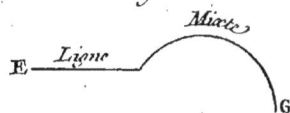

Fig. 5.e

D
Circonférence
C
Centre
A B
E

Fig. 6.e

E
H C F
G

Fig. 7.e

Circonférences
égales
en
nombre
de
Dégrés.

A
D B
C

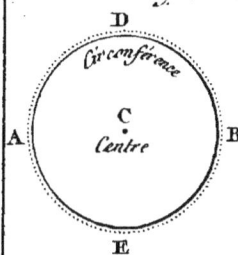
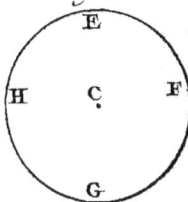
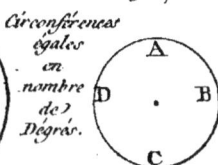

Fig. 8.e

Cercles   Concentriques
B
F
K
A E I N L G C
M
H
D
mème centre   tracées du

Fig. 9.e

Arc
B
Arc
A C E
Arc de Cercle
Arc
D

Fig. 10.e

B
Demi - Cercle
de 180 Dégrés.
A C

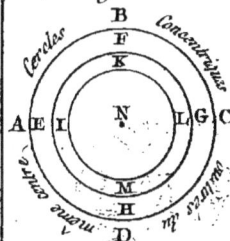
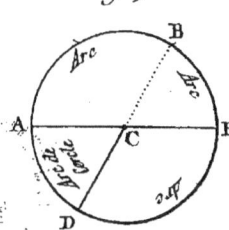
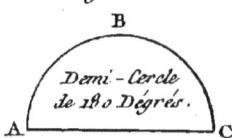

Fig. 11.e

B
Quart de cercle
de 90.
Dégrés
Quart de
Cercle
A C

Fig. 12.e

D E
Rayon Rayon
C

Fig. 13.e

C
A B
Diametre

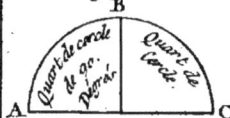
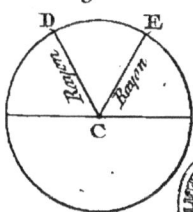
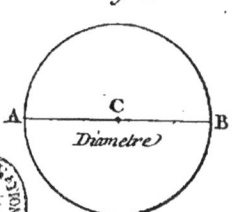

Fig. 14.ᵉ

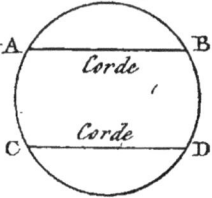

A — B
Corde
C — D
Corde

Fig. 15.ᵉ

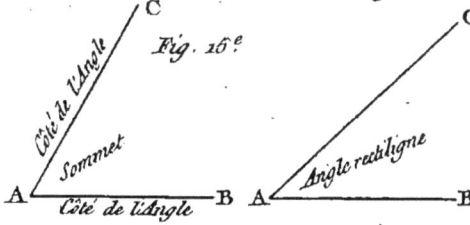

C
Côté de l'Angle
Sommet
A — B
Côté de l'Angle

Fig. 16.ᵉ

C
Angle rectiligne
A — B

Fig. 17.ᵉ

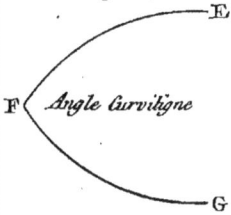

E
F Angle Curviligne
G

Fig. 18.ᵉ

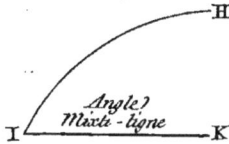

H
Angle Mixti-ligne
I — K

Fig. 19.ᵉ

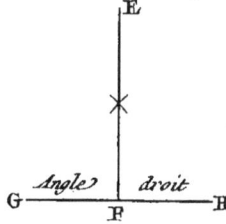

E
Angle droit
G — H
F

Fig. 20.ᵉ

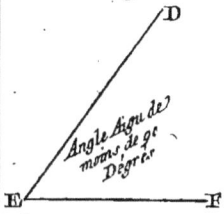

D
Angle Aigu de moins de 9.ᵉ Degrés
E — F

Fig. 21.ᵉ

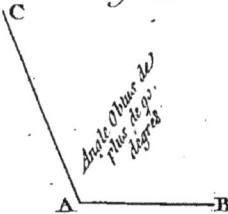

C
Angle Obtus de plus de 9.ᵉ degrés
A — B

Fig. 22.ᵉ

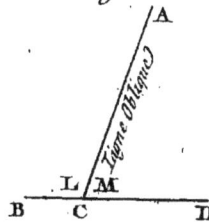

A
Ligne Oblique
B — C — D
L M

Fig. 23.ᵉ

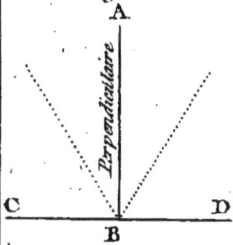

A
Perpendiculaire
C — B — D

Fig. 24.ᵉ

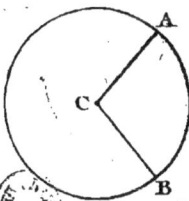

A
C
B

Fig. 25.ᵉ

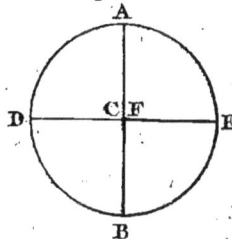

A
D — C F — E
B

Fig. 26.ᵉ

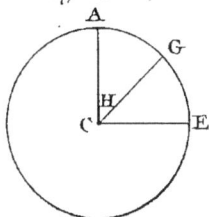

Fig. 27.ᵉ

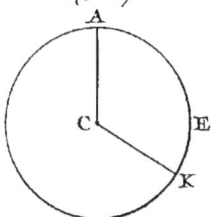

Fig. 28.ᵉ

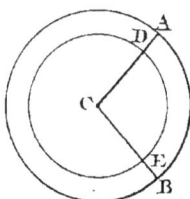

Fig. 29.ᵉ

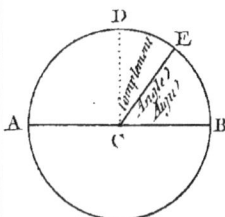

Fig. 30.ᵉ

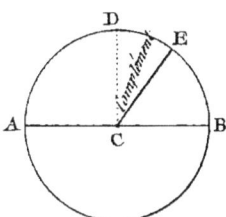

Fig. 31.ᵉ

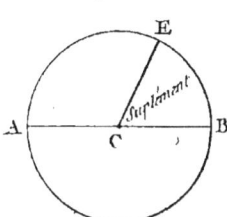

Fig. 32.ᵉ

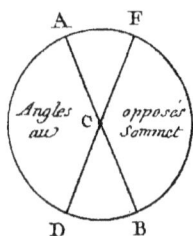

Fig. 33.ᵉ

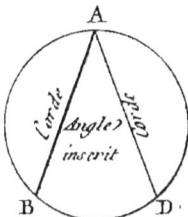

Fig. 34.ᵉ

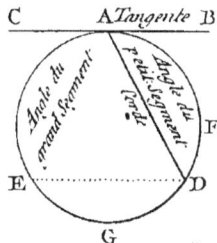

Fig. 35.ᵉ

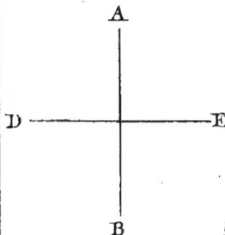

Fig. 36.ᵉ

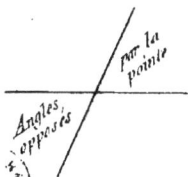

Fig. 37.ᵉ

Fig. 38e

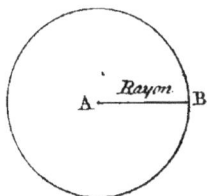

Rayon

Fig. 39e

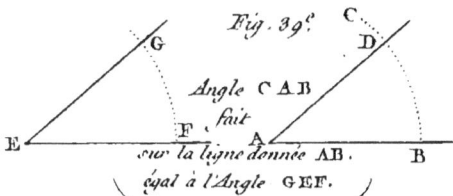

Angle C A B fait
sur la ligne donnée AB.
égal à l'Angle GEF.

Fig. 40e

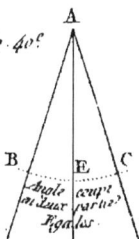

Angle coupé
en deux parties
Egales

Fig. 41e

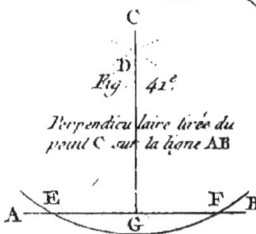

Perpendiculaire tirée du
point C sur la ligne AB

Fig. 42e

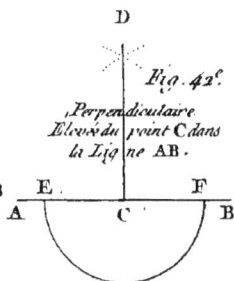

Perpendiculaire
Elevée du point C dans
la Ligne AB.

Fig. 43e

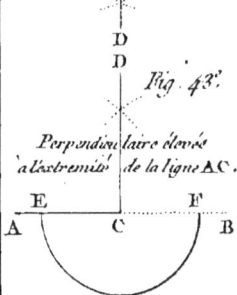

Perpendiculaire élevée
à l'éxtremité de la ligne AC.

Fig. 44e

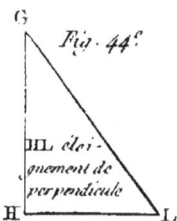

HL éloi-
gnement de
perpendicule

Fig. 45e

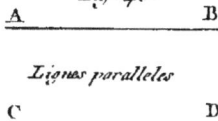

Lignes paralleles

Fig. 46e

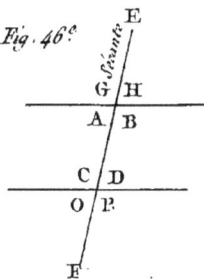

Fig. 47e

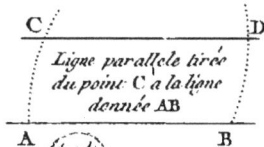

Ligne parallele tirée
du point C a la ligne
donnée AB

Fig. 48e

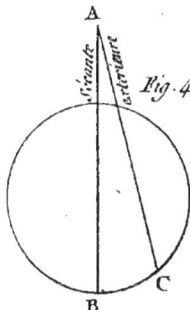

Michelinot Sculp.

Fig. 49.ᵉ

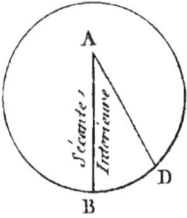

Fig. 50.ᵉ

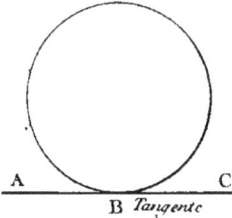

Fig. 51.ᵉ

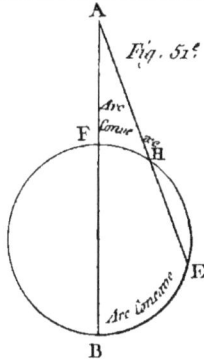

Fig. 52.ᵉ

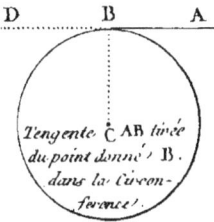

Fig. 53.ᵉ

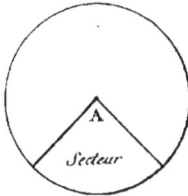

Fig. 54.ᵉ

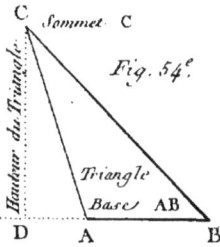

Triangles considérés par rapport à leurs Cotés.

Fig. 55.ᵉ

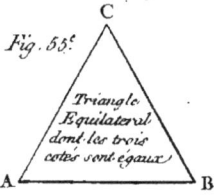

Triangle Equilateral dont les trois cotés sont égaux.

Fig. 56.ᵉ

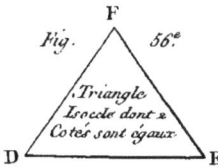

Triangle Isocèle dont 2 Cotés sont égaux.

Fig. 57.ᵉ

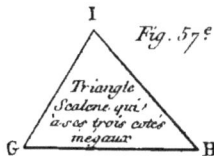

Triangle Scalène qui a ses trois cotés inégaux.

Triangles considérés par rapport à leurs Angles.

Fig. 58.ᵉ

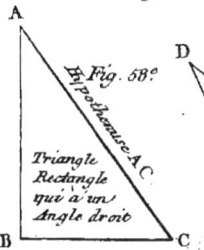

Triangle Rectangle qui a un Angle droit.

Fig. 59.ᵉ

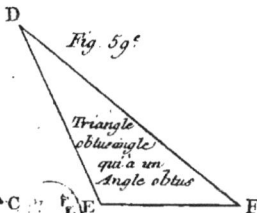

Triangle obtusangle qui a un Angle obtus.

Fig. 60.ᵉ

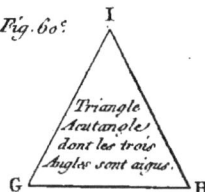

Triangle Acutangle dont les trois Angles sont aigus.

Michelinot Sculp.

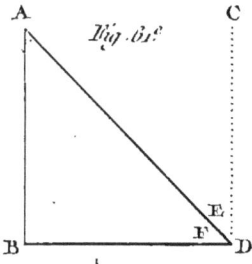

Fig. 61.ᵉ

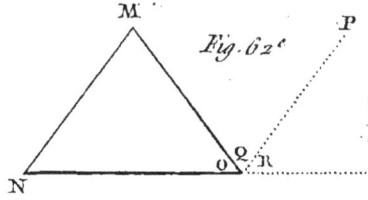

Fig. 62.ᵉ

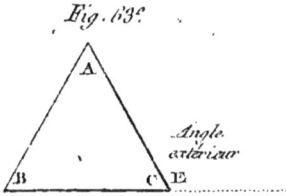

Fig. 63.ᵉ

Angle
extérieur

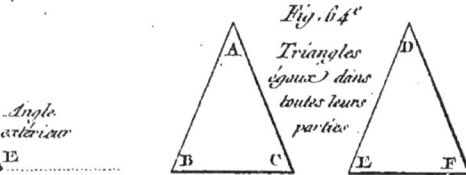

Fig. 64.ᵉ

Triangles
égaux dans
toutes leurs
parties

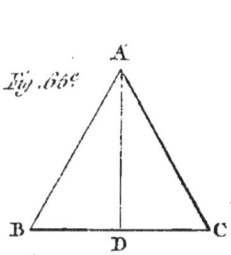

Fig. 65.ᵉ

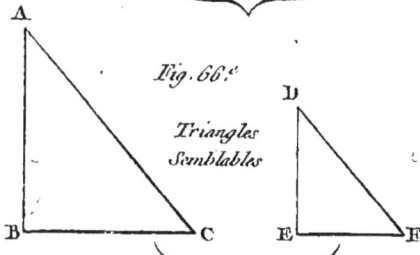

Fig. 66.ᵉ

Triangles
Semblables

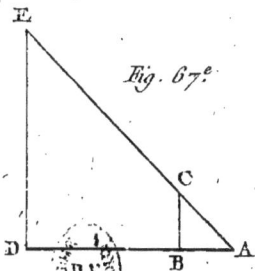

Fig. 67.ᵉ

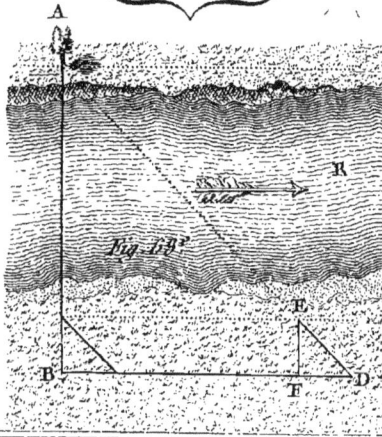

Fig. 68.ᵉ

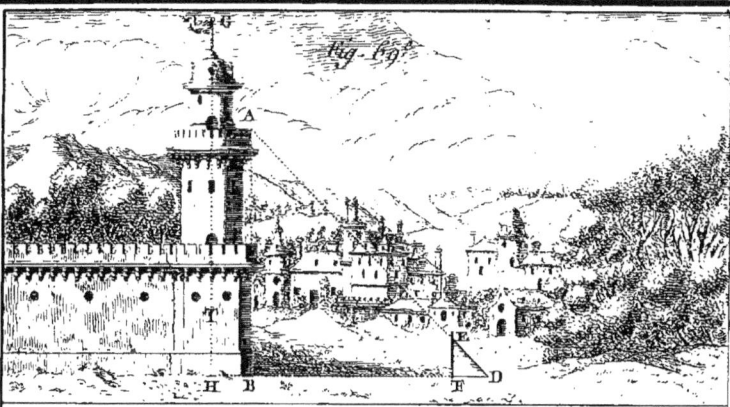

Fig. 69.ᵉ

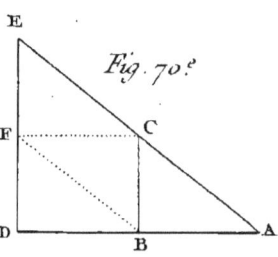

Fig. 70.ᵉ

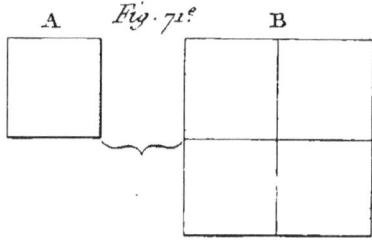

Fig. 71.ᵉ

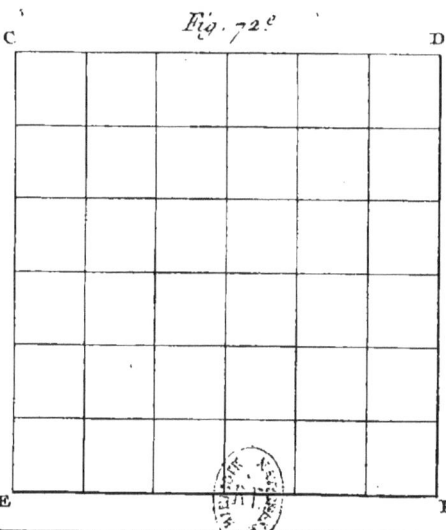

Fig. 72.ᵉ

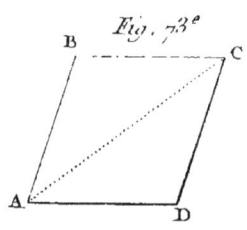

Fig. 73.ᵉ

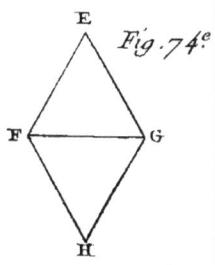

Fig. 74.ᵉ

Michelinot Sculp.

Fig. 75.^e

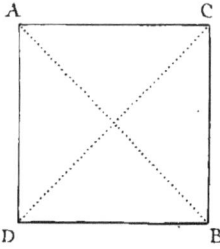

Fig. 76.^e

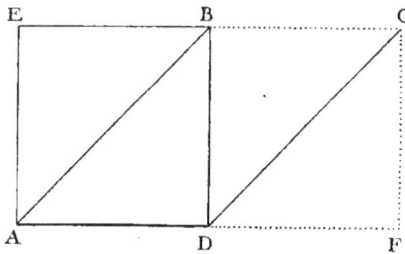

Fig. 77.^e

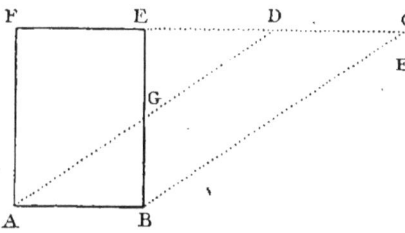

Fig. 78.^e

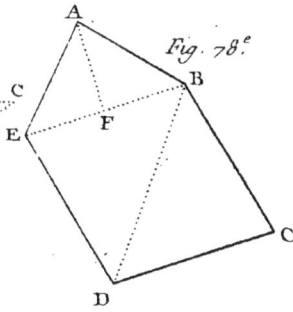

Fig. 79.^e

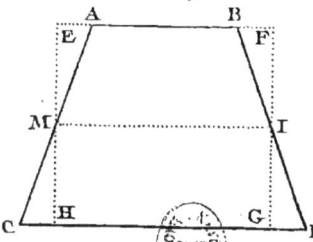

Fig. 80.^e

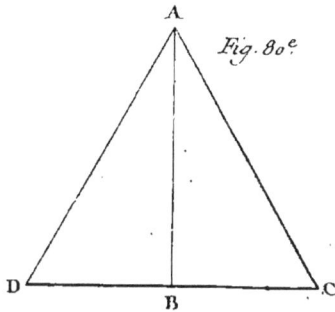

Michelinot Sculp.

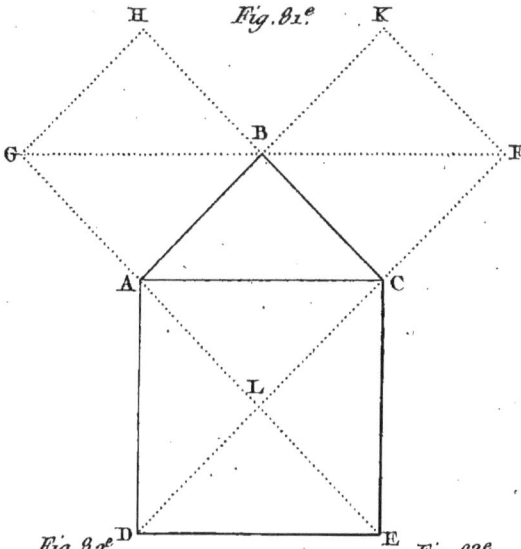

Fig. 81.^e

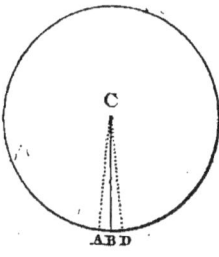

Fig. 82.^e

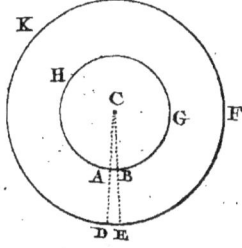

Fig. 83.^e

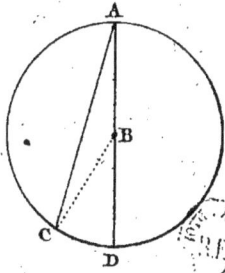

Fig. 84.^e

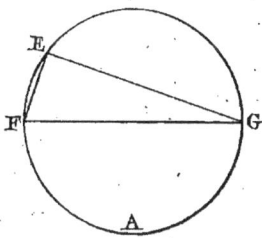

Fig. 85.^e

Michelinot Sculp.

Planche 10e.

Fig. 86e

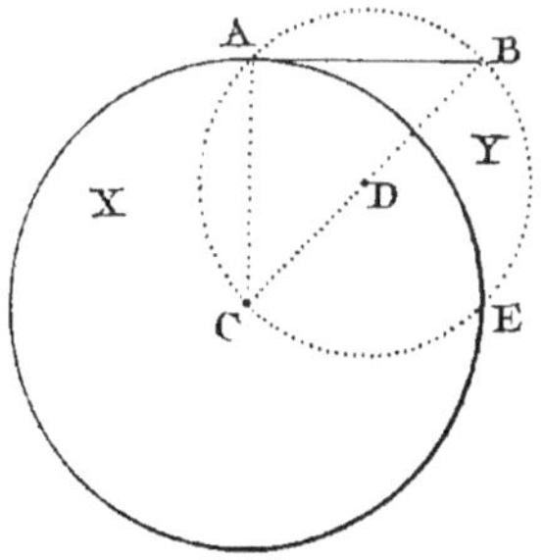

Fig. 87e

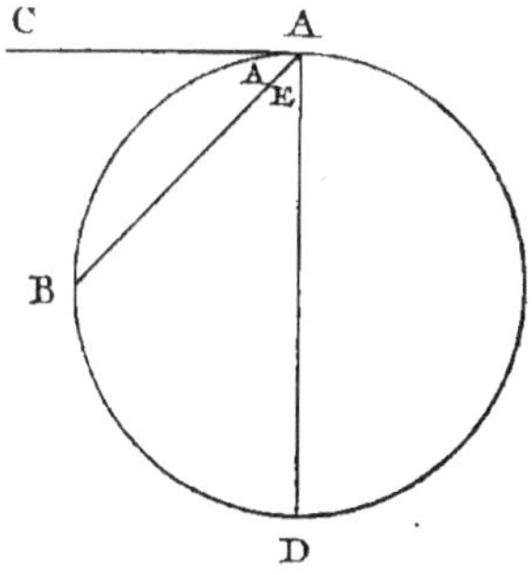

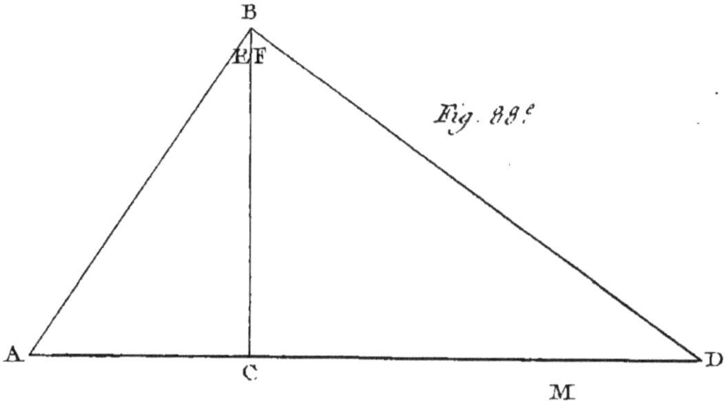

Fig. 88e

Fig. 89e

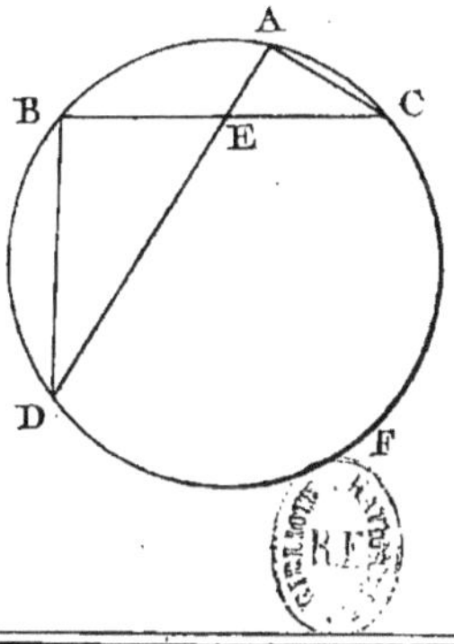

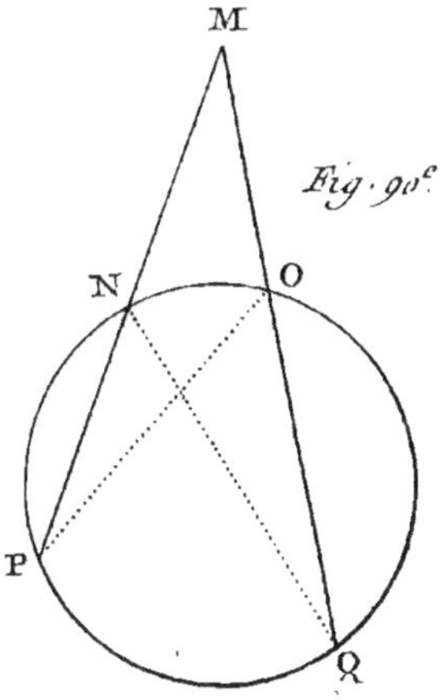

Fig. 90e

Michelinet Sculp.

Fig. 91.ᵉ

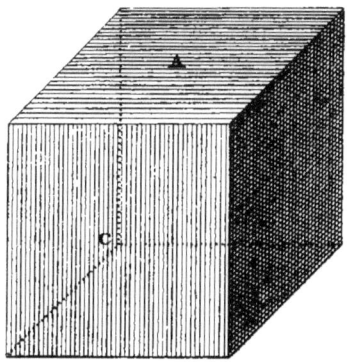

Fig. 92.ᵉ

A   B

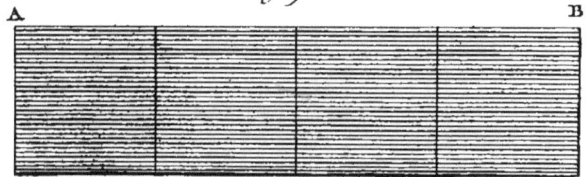

Fig. 93.ᵉ   Fig. 94.ᵉ

C

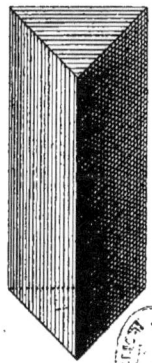   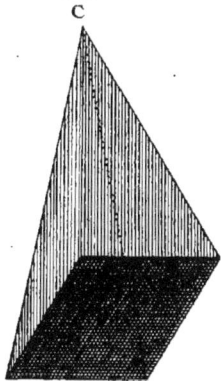

Micholinot Sculp.

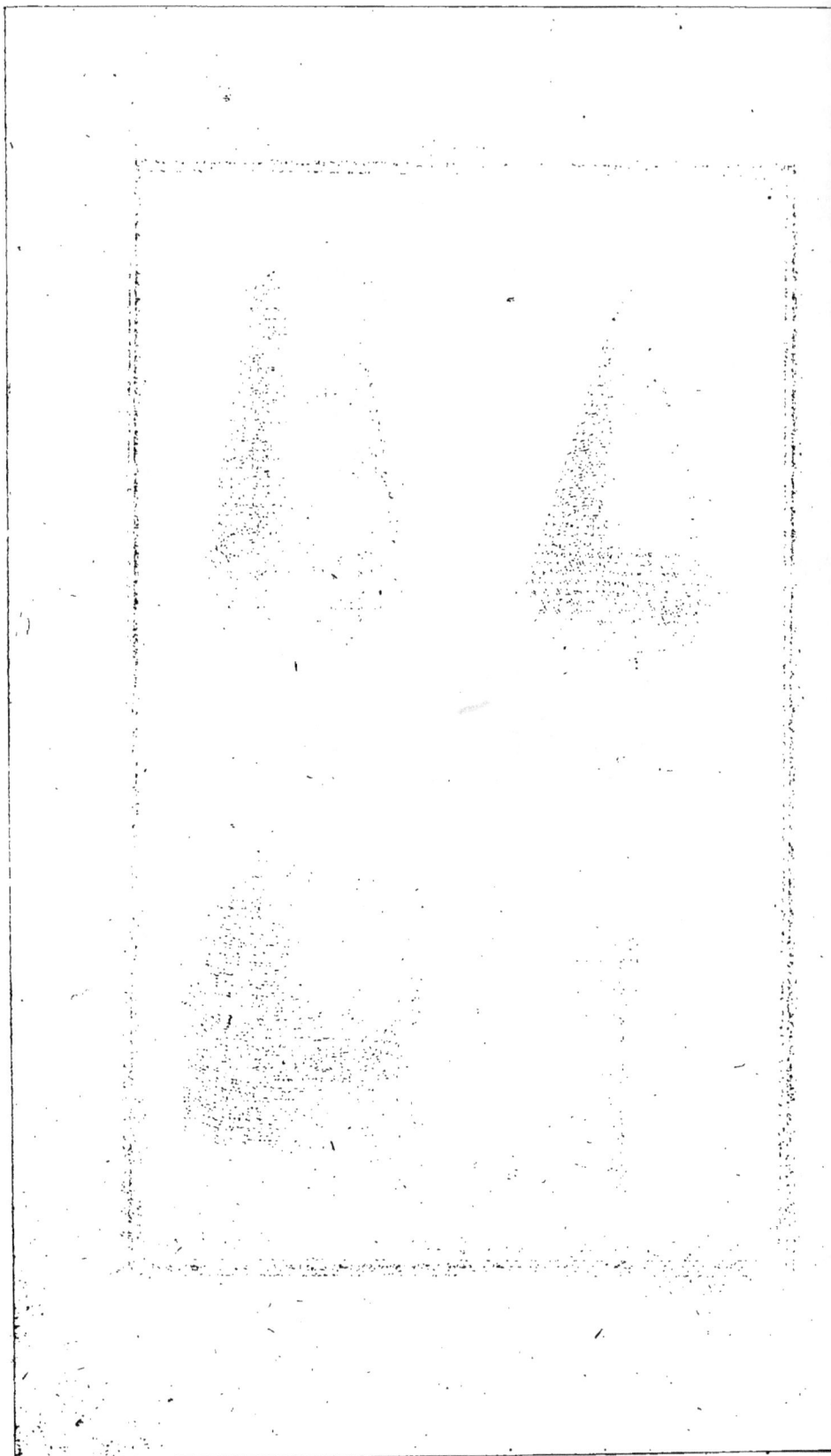

Fig.95.

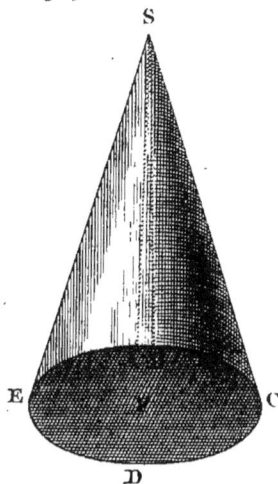

S

E C

D

Fig.96.

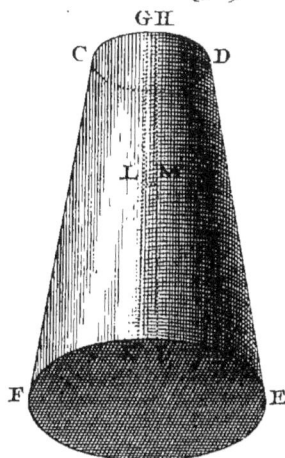

G H

C D

L M

F E

Fig.97.

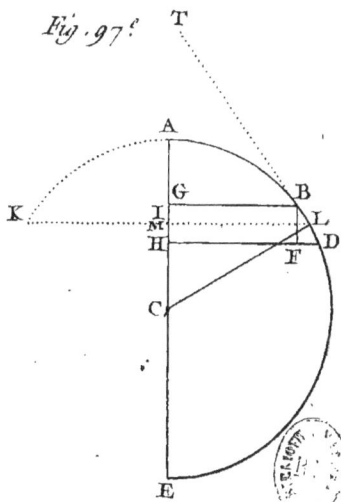

T

A

G B

K I L

M

H D

F

C

E

Fig.98.

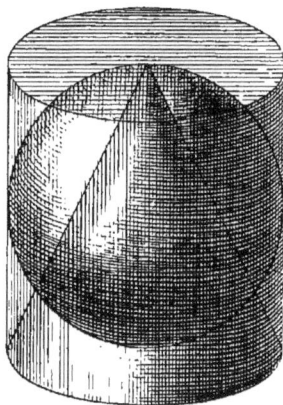

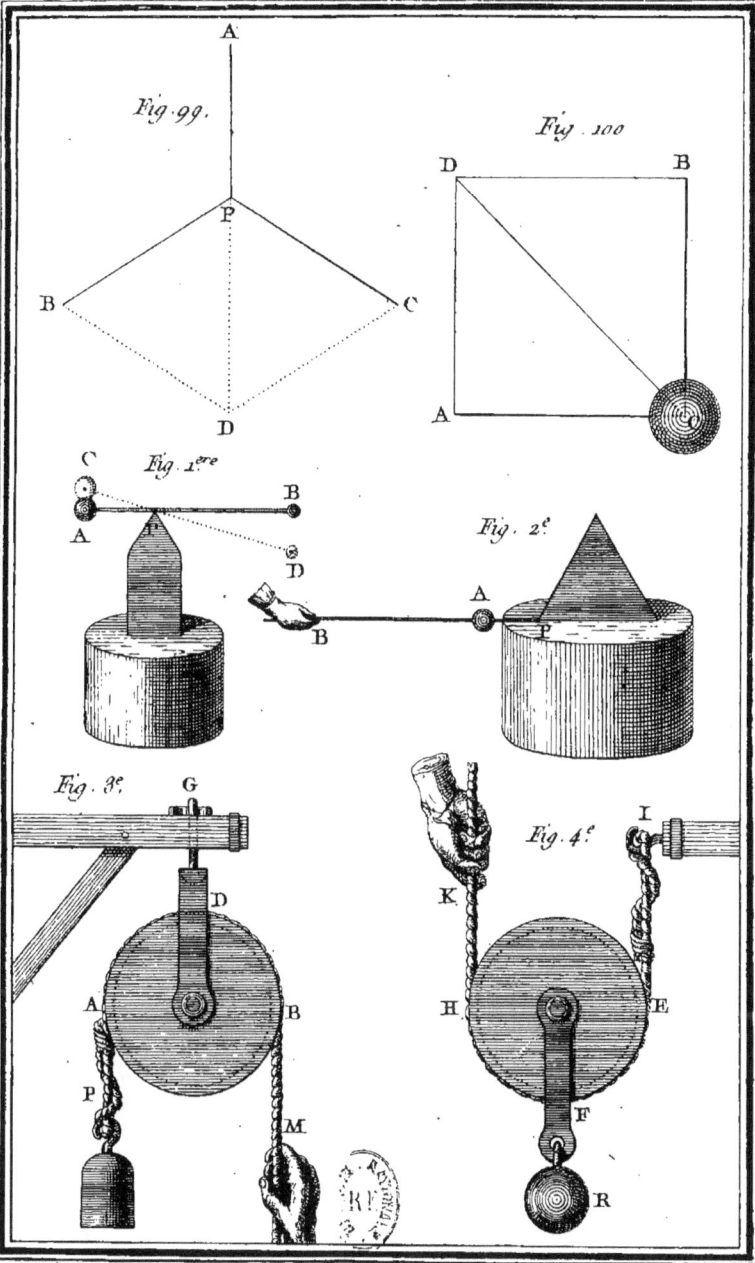

Fig. 99.

Fig. 100

Fig. 1ere

Fig. 2.e

Fig. 3.e

Fig. 4.e

Michelinot Sculp.

Fig. 5.ᵉ

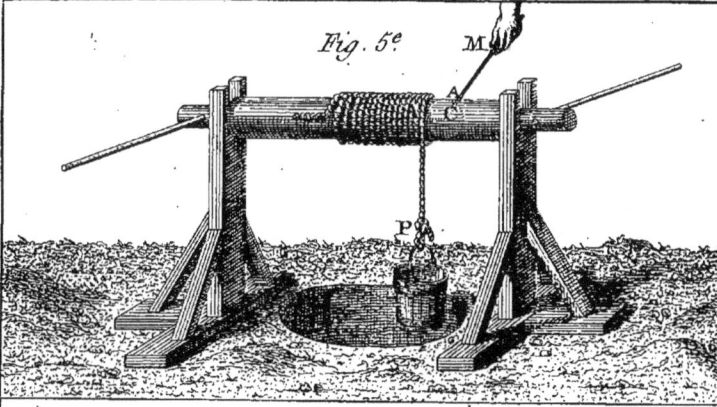

Fig. 6.ᵉ   *Fig. 7.ᵉ*

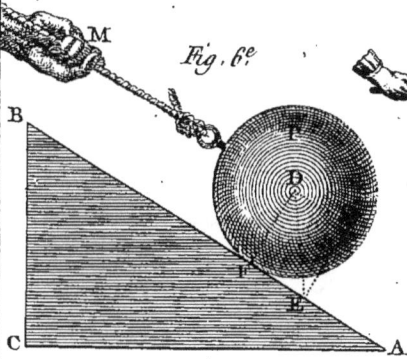 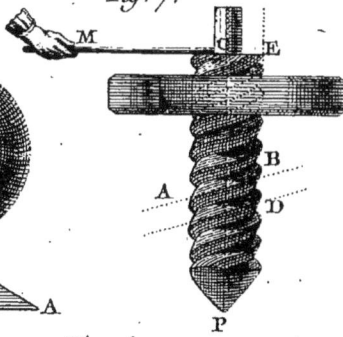

Fig. 8.ᵉ   *Fig. 9.ᵉ*

 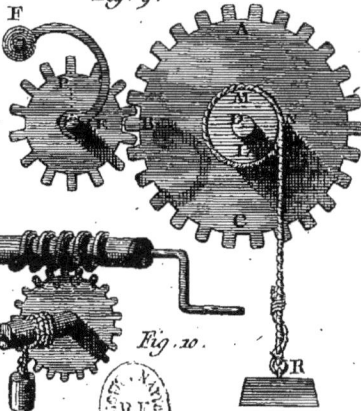

Fig. 10.

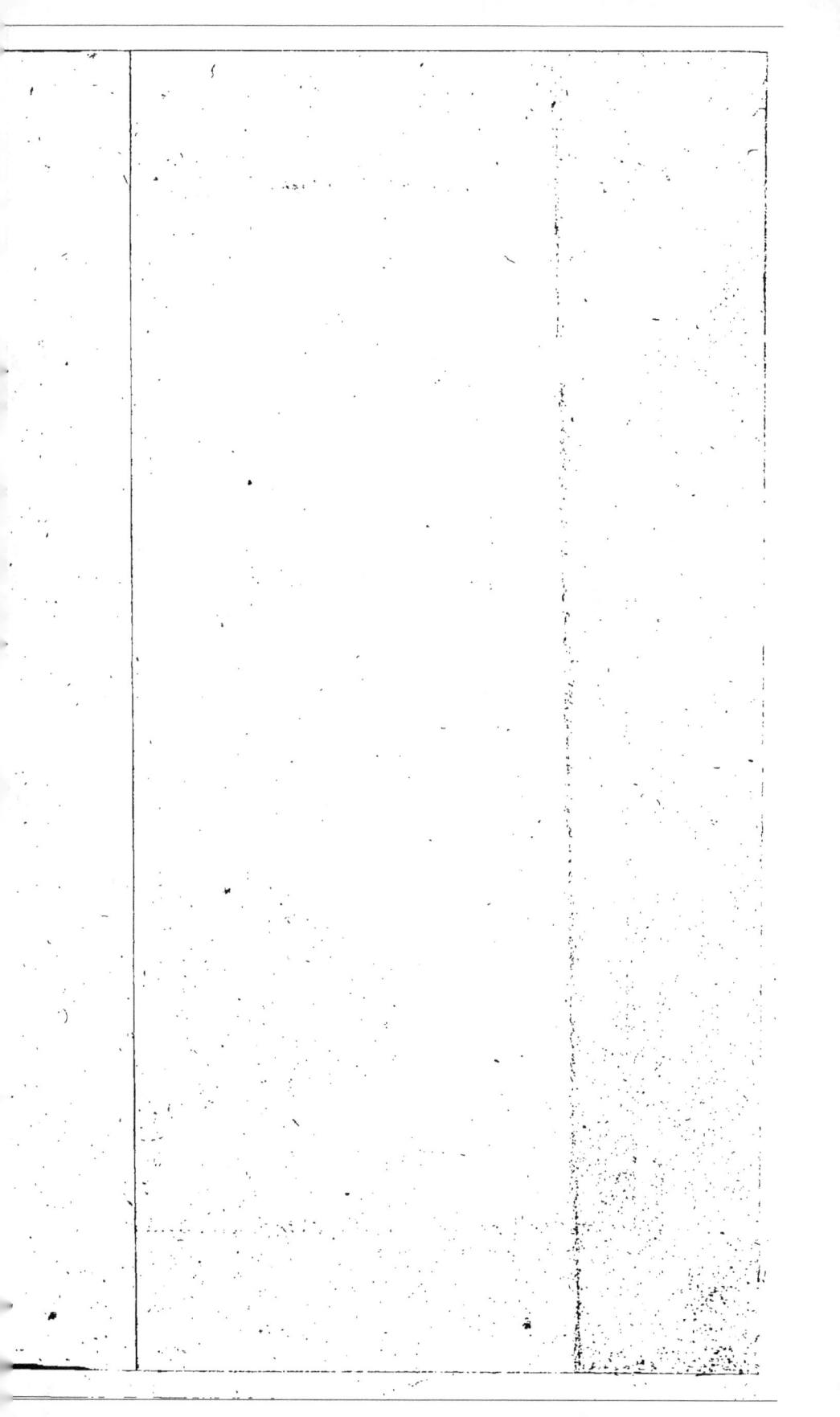

Zénit

Pole
Arctique

Septentrion

Cercle Polaire Arctique

ZODIAQUE ou

LA TERRE

Est

Horison

Horison

Ouest

le Sagittaire

le Scorpion

la Balance

Novembre

Octobre

Decembre

SPHERE

Les Gémeaux

Mai Ligne

d'Hiver

Horifon

Sud

Zodiaque

Horifon

le Lion

Juillet

du Cancer Monde

Midi

Pole Antarctique

RMILLAIRE

Michelinot del. et Sculp. 1784.

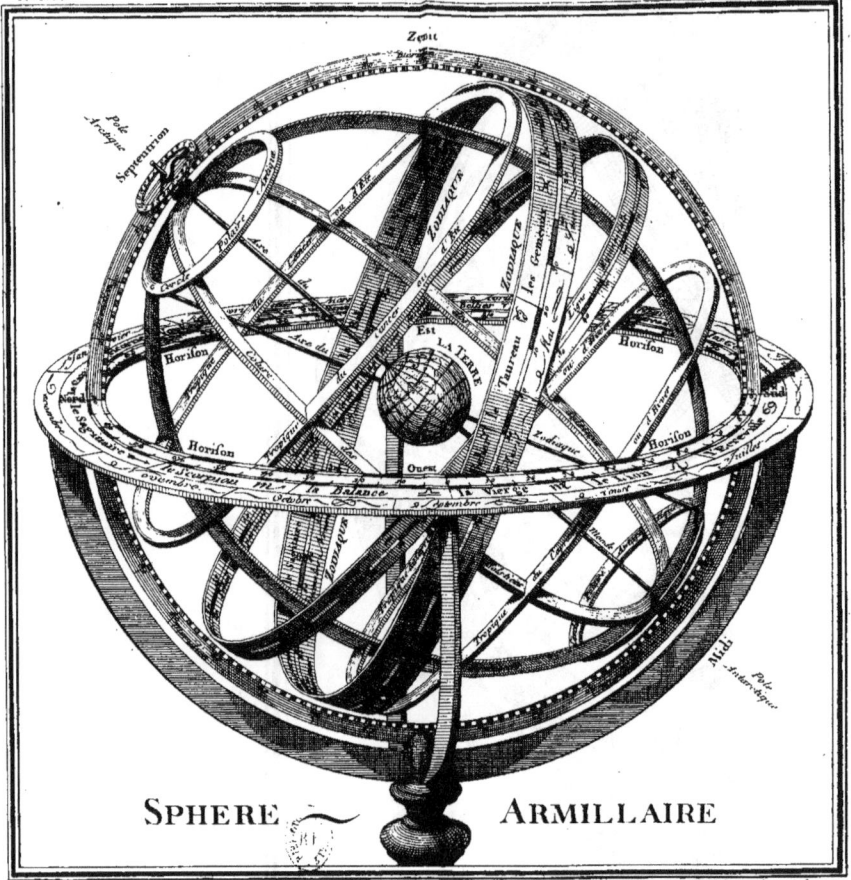

SPHERE ~ ARMILLAIRE

Michelinot del. et Sculp 1764.

2 not 2537 ½ m 2 e morf

www.ingramcontent.com/pod-product-compliance
Lightning Source LLC
Chambersburg PA
CBHW060411200326
41518CB00009B/1317